如何驯服一头野象

改善焦虑烦躁、提升专注力的每周正念练习

[美] 简·肖森·贝斯 (Jan Chozen Bays) 著
张宽宽 译　陈寿文 校译

华夏出版社
HUAXIA PUBLISHING HOUSE

图书在版编目（CIP）数据

如何驯服一头野象：改善焦虑烦躁、提升专注力的每周正念练习 /（美）简·肖森·贝斯（Jan Chozen Bays）著；张宽宽译. -- 北京：华夏出版社有限公司, 2021.12

书名原文：How to Train a Wild Elephant: And Other Adventures in Mindfulness
ISBN 978-7-5222-0155-9

Ⅰ.①如… Ⅱ.①简…②张… Ⅲ.①焦虑－心理调节－通俗读物②注意－能力培养－通俗读物 Ⅳ.①B842-49

中国版本图书馆CIP数据核字（2021）第166121号

HOW TO TRAIN A WILD ELEPHANT
by Jan Chozen Bays
© 2011 by Jan Chozen Bays
Published by arrangement with Shambhala Publications, Inc.
4720 Walnut Street #106 Boulder, CO 80301, USA, www.shambhala.com
through Bardon-Chinese Media Agency
Simplified Chinese translation copyright © 2021 by Huaxia Publishing House Co., Ltd.
ALL RIGHTS RESERVED

版权所有，翻印必究。
北京市版权局著作权登记号：图字01-2020-6535号

如何驯服一头野象：改善焦虑烦躁、提升专注力的每周正念练习

作　　者	［美］简·肖森·贝斯
译　　者	张宽宽
校　　译	陈寿文
责任编辑	陈　迪
出版发行	华夏出版社有限公司
经　　销	新华书店
印　　刷	三河市万龙印装有限公司
装　　订	三河市万龙印装有限公司
版　　次	2021年12月北京第1版　2021年12月北京第1次印刷
开　　本	880×1230　1/32开
印　　张	7.25
字　　数	160千字
定　　价	59.00元

华夏出版社有限公司 网址：http://www.hxph.com.cn 地址：北京市东直门外香河园北里4号 邮编：100028
若发现本版图书有印装质量问题，请与我社营销中心联系调换。电话：（010）64663331（转）

致　谢

感谢我的老师前角博雄禅师和厚田禅师。通过观看他们做例如开信封或泡茶这样简单的事情，我学到了很多。感谢所有在过去20年间热诚地做这些正念练习，并将他们的发现间接传递给我的人。我也很感激伊登·斯坦伯格（Eden Steinberg），他作为编辑所独有的敏锐眼睛帮助我创作的书比我一个人能写的要好很多。

目录

关于正念 — 001

Week 01 用你不经常用的那只手 — 001
Week 02 不留痕迹 — 004
Week 03 填充词 — 008
Week 04 感激你的双手 — 012
Week 05 吃东西时，就只是吃而已 — 016
Week 06 真正的赞美 — 020
Week 07 正念姿势 — 024
Week 08 每天结束前的感激 — 028
Week 09 聆听声音 — 032
Week 10 电话铃响起的时候 — 035
Week 11 爱抚 — 039
Week 12 等待 — 043

Week 13	与媒体绝缘	047
Week 14	充满爱意的眼神	051
Week 15	秘密的善行	055
Week 16	呼吸三次	058
Week 17	进入新的空间	062
Week 18	留心树木	065
Week 19	让你的手休息	069
Week 20	说"是"	073
Week 21	看到蓝色	077
Week 22	感受脚底	081
Week 23	尽可能多的空间	084
Week 24	每次只吃一口	087
Week 25	了无边际的欲望	090
Week 26	学习痛苦	094
Week 27	傻乎乎地走路	098
Week 28	水	101
Week 29	仰望	105
Week 30	定义和防卫	108
Week 31	关注气味	112
Week 32	这个人今晚可能会去世	116
Week 33	热和冷	120
Week 34	在你脚下的这个伟大的地球	125

Week 35　注意自己所厌恶的 — 129
Week 36　你忽视什么东西了吗 — 133
Week 37　风 — 137
Week 38　像海绵一样倾听 — 141
Week 39　感激 — 145
Week 40　变老的痕迹 — 149
Week 41　准时 — 153
Week 42　拖延 — 158
Week 43　你的舌头 — 162
Week 44　不耐烦 — 165
Week 45　焦虑 — 169
Week 46　正念驾驶 — 173
Week 47　深切地观察你的食物 — 177
Week 48　光 — 181
Week 49　你的胃 — 185
Week 50　觉知自己的重心 — 189
Week 51　对身体慈悲 — 193
Week 52　微笑 — 196
Week 53　因你而令事物更美好 — 200

打坐练习 — 204
推荐阅读 — 207

关于正念

人们经常对我说:"我想要练习正念,但是我总是太忙,找不到时间。"

大部分人以为他们需要从已经排满工作、养育孩子、照顾家庭等任务的日程表中挤出时间去特别做正念练习,而实际上,将正念练习融入每日生活就像玩连线游戏或者涂色游戏般简单。你还记得那种图画吗?图画里每个部分被标了数字,这些数字告诉你在各个部分里应该涂上哪种颜色。当你完成了棕色的部分,接着又涂好了蓝色和绿色的部分,一幅可人的图画在这个过程中便渐渐浮现出来。

正念练习也正是如此。你从生活中的一个小的领域开始,例如如何接听电话。每次电话响起的时候,在接听之前你可以先慢下来,做三次长而缓慢的呼吸,再拿起听筒。这样坚持一个星期,直到养成习惯。然后,在此之上,你再开始另一项正念练习,例如,有觉知的进食。当这种活在当下的状态已经被整合到你的生活里时,你再开始另一项练习。渐渐地,在每天越来越多的时间里,你都可以保持这种活在当下和觉知的状态。令人喜悦的觉醒生活之旅便由此开始了。

此书中的练习引导你去为生活中的很多领域涂抹上爽朗的正念这笔暖色。我自己是一名冥想老师，住在美国俄勒冈州的一座禅寺里；同时，我也是一名儿科医生，是妻子、母亲、祖母，所以我深知每日生活是多么紧张和充满挑战。书中的很多练习都是我设计出来帮助自己在繁忙生活中保持觉知、快乐和放松的。我现在将这套练习送给所有想要更专注地去过每日生活并更好地享受那些短暂但珍贵时刻的人。你不需要参加一个月的冥想退省，或是搬到寺院居住才能重建生活中的祥和与平衡。这些本来就属于你。一点一点地，每日正念练习会帮助你在这个正在经历的生命里挖掘出满足和完满。

正念是什么以及它为什么重要

近年来，越来越多的研究人员、心理学家、医生、教育家以及普通大众对正念产生了浓厚的兴趣。很多科学研究报告都指出了正念练习对身体及心理健康的积极影响。但是，当我们说到"正念"的时候，我们到底指的是什么呢？

以下是我所喜欢的对它的定义：

正念是指特别专注于在你周围及你的内在——你的身体里、心里及头脑里正在发生的事情。正念是没有批评和评判的觉知。

有些时候我们是专注的，有些时候不是。这里，关注你握着方向盘的手是一个不错的例子。回忆一下当你刚刚开始学习驾驶的时候，以及当车子摇摆不定地行驶在路上时，你是如何笨拙地来回扭动着方向盘，调整甚至过度调整车的行驶路线。那个时候你非常清醒，所有注意力都集中在开车操作这件事情上。过了一段时间，你的手学会了游刃有余地操作方向盘做那些细微的调整。你可以确保汽车顺畅地向前行驶而不用对你握着方向盘的手有任何有意识的关注。在开车的时候，你可以同时讲话、吃东西、听收音机。

这就是我们每个人都有过的经历——所谓的自动驾驶。你打开车门，找到钥匙，小心地从停车的地方驶出，而下一步就是……你已经驶入了公司的停车场。等等！在从家到公司耗时40分钟的20公里车程里发生了什么？交通灯是红还是绿？在你的身体娴熟地操纵着你的汽车驶过车流、路过交通灯的时候，你的头脑却放了假，早就不知道跑去哪个开心或是令人郁闷的地方去了，直到你忽然意识到自己已经到达了目的地。

这样有什么不好吗？这并不是什么你需要为之感觉内疚或者惭愧的坏事。如果你可以这样自动驾驶去上班很多年而从没有发生任何交通事故，你确实是一个不错的司机呢！但我们却可以说这是一件令人难过的事，因为当我们总是这样身体做着一件事，头脑中想的却是另一件事时，这表明在生活中的很多时刻，我们并没有真正地参与其中。而当我们不专注于当下的时候，我们便会感到这种隐约存在却挥之不去的不满足感。这种不满足感，这道横亘在我们和其他所有人与事间的鸿沟，正是人类生活最本质的问题。它推动着我们进入那些被深深怀疑和被孤独感刺痛的时刻。

每个人都会在某些时刻经历这种愁苦。在生活中当然有很多欢乐的时刻，但是当朋友们回家了，当我们又累又孤单时，当我们感觉失望、难过或者被出卖时，不满足感和不快乐就会再次浮现。

我们都试过那些不用处方就能买到的特效药——食物、毒品、性、超时工作、酒精、电影、购物、赌博，试图用它们来消除普通人在每日生活中都会遇到的痛苦。但这所有的药都只能提供短暂的帮助，而且它们几乎都有副作用，例如负债累累、昏厥、被逮捕或者失去我们爱的人，所以从长远的角度看，它们只会增加我们的痛苦。

这些非处方药的标签上写着："只适用于暂时缓解症状。如果症状没有改善，请看医生。"这些年来，我终于找到了一种可靠的、可以医治这种反复发作的不安感和不快乐感的良药。我为自己和其他很多人开过这种药，而且成效显著。它就是经常性的正念练习。

如果我们学会安于真实的当下，生活中的很多失望便会消失，很多简单的喜悦便会浮现。

其实，你已经尝试过富有觉知的时刻。每个人都至少能回想起一个这样的时刻：自己处在完全清醒的状态下，每件事情也变得清晰而鲜明。我们称此为巅峰时刻。它可能在我们正在经历超级动人或刺激之事的时刻发生，例如孩子诞生或者所爱之人离世。它们也可能在我们的汽车没有刹住车而打滑的时刻发生——当我们看着事故以它自己的方式呈现时，我们往往感觉时间静止了。但是，这并不意味着这样的时刻只能极富戏剧性地发生。它也可能发生在一段平常的散步途中，在某个转弯处，我们忽然发觉有那么一刻所有事物看上去都在发光。

被我们称为巅峰时刻的正是这些我们完全清醒觉知的时刻。我们的生活和那份觉知聚而合一，而非彼此分开。在这些时刻，横亘于我们和其他所有事物中间的鸿沟合拢，因而痛苦也消失了。我们感到了满足。事实上，那已超出了满足或不满足这样的心理定义范围——我们活在当下。我们就是这个存在本身。我们尝到了被佛教徒们称为开悟的诱人滋味。

这样的时刻不可避免地会逝去，我们再次被抛回身心分离的沮丧时刻。我们不能强迫巅峰时刻或开悟的发生。但正念这个工具，却可以帮我们合拢两种存在状态之间的缝隙，而正是这种缝隙造成了我们的不快乐。正念将我们的身、心、灵联合在一起，将它们聚于专注中。当我们存在于这样的合一状态之下时,"我们"和"所有其他事物"之间的障碍会变得越来越小、越来越细,直到一个时刻,这个障碍终于完全消失!在这样的时刻(可能只是短暂的一刻,或者偶尔可以持续一生),所有存在都是完整的、神圣的,并且沐浴于平和中。

正念的益处

正念练习可以为你带来很多好处。布朗和雷恩在罗切斯特大学进行的关于幸福的研究表明,"觉知程度高的人群是我们之中拥有蓬勃而积极的心理健康的模范"。无论是你有心灵困扰还是你有身体疾病,正念都可以帮到你。但请不要听我这么说了就相信我。请尝试做此书中的练习一年,以亲身发现它们能给你的生活带来怎样的变化。

以下是我发现的一些正念会带来的益处:

1. 正念保存精力

可以学习熟练地做事是我们的福气,但其中也有不那么幸运的成分,就是熟练地做某些事往往令我们在做这些事的时候处于无意识的状态。称之为不那么幸运是因为当我们无意识的时候,我们错过了生活中的大部分。当我们从当下"退出"而进入无意识的状态时,我们的头脑往往飘回过去,投入未来,或者进入幻想王国。这三个地方只存在于我们的想象中,而非真实存在的。只有此时此地承载了我们的存在。

人类的头脑可以回忆过去的能力是上天赋予人类的一个独一无二的礼物。它帮助我们从过去的错误中学习,从而改变不健康的生活方式。但是,当头脑原路返回到过去时,它便开始无止境地沉湎于过去的错误中。"如果我当时说了这个……她就会那么说了……"很不幸,头脑看上去愿意把我们想得很愚蠢。它令我们一再沉湎于过去的错误中，一次次地指责和批评我们。我们不会看同一部令人伤心的电影250次，但却允许那些不好的回忆一次次地在我们的头脑中重演，而每次我们都将重新体验那份不安和羞愧。我们不会250次重复提醒一个小孩子他所犯过的那些小错误，但是却允许自己的思想一次次回到过去而使自己内心的"小我"重新体验气恼和耻辱。这就好像我们的头脑很担心我们会再次成为错误判断、无知和粗心大意的牺牲品。它不相信其实我们是聪明的——能足够聪明地从错误中学习并且不再重复犯错。

讽刺的是，一个被焦虑填满的头脑反而更可能去制造我们最怕的结果。充满焦虑的头脑没有意识到的是，当它将我们拉扯进对过去的沉湎和后悔中时，我们就失去了专注于当下的机会。当我们不能专注于当下时，我们就更容易做出不明智和没有技巧的举动。我们就更容易做出头脑实际上最担心我们会做的事。

人类头脑所拥有的为将来打算的能力是我们另一个独一无二的天赋。它给我们提供地图和指南针来引路。它减少了我们走弯路的机会，它也使我们更可能在到达生命终点的时候对自己所走过的人生之路和我们所成就的种种心怀满足。

不幸的是，也是这个头脑，当它为我们焦虑的时候，它会试图为无数可能的未来做打算，其中大部分的可能实际上永远都只是"可能"而并不会实现。无时无刻不为将来而活是对我们心智和情感能量很大的浪费。为未知的未来做准备的最重要的方法是做一个理性的计划，然后专注于当下正在发生的事情。这样我们才能以清晰、灵活的头脑和开放的心态去迎接发生在我们生活中的种种，并可以根据当下的现实对自己的计划作出调整。

头脑还喜欢在幻想世界遨游，它可以在我们内心投射新的影像，在那上面我们看到全新的、不同的自己——出名的、英俊的、有权力的、有才华的、成功的、富有的、被爱的。人类头脑拥有想象的能力是一件美好的事，它是我们创造力的根基。它令我们可以创造出新的发明，创作新的艺术和音乐，找到新的科学假说，并使我们可以为所有的事情做出计划——无论是构想新大厦的蓝图，还是计划自己人生的新篇章。不幸的是，这种幻想可能会演变成一种逃避，一种对此时此地正在发生的令我们不舒服的事情的逃避，一种对由未知带来的焦虑的逃避，一种对当下一个时刻（或者是下一个小时、下一天或者下一年）可能面临的困难，甚至是死亡的逃避。不间断地幻想和做白日梦跟有方向的创造力是不同的。创造力来自让头脑安歇于中立客观的当下，允许它去清理自己，并为它提供一块崭新的画布，从而使新的想法、公式、诗歌、旋律或者五颜六色的笔画都可以在那上面呈现。

当我们允许头脑安于当下，专注于此刻实际正在发生的事情，将它从重复、无意义又浪费精力的对过去、将来或者幻想世界的沉湎中引导出来时，我们实际上做了一件很重要的事情。我们为头脑保存了能量，从而使它得以保持清醒开放，无论发生什么它都可以做好准备去应对。

这些听上去可能很琐碎，但它真的很重要。通常，我们的头脑根本停不下来。即使在夜里，它也是活跃的，它会根据我们内心的焦虑和日常的经历制造梦境。我们知道，如果得不到休息，我们的身体将不能运作，所以每晚我们会躺下，至少给它几个小时的休息时间。但是我们忘记了，头脑也是需要休息的。头脑休息的时间就是当下这个时刻——在这里它可以安躺，轻松地融入正在发生的一切之中。

正念练习提醒我们不要因为过去或者将来而浪费脑力，而是应该一再回到这个当下，安于此时此刻正在发生的种种。

2. 正念练习锻炼并且强化我们的头脑

我们都知道身体是可以得到锻炼的。我们可以变得更灵活（如体操运动员和杂技演员）、更优雅（如芭蕾舞演员）、更有技巧（如钢琴演奏家）、更强壮（如举重运动员）。而我们没有意识到头脑的很多方面也是可以被挖掘和锻炼的。佛祖释迦牟尼描述了在他开悟之前，通过多年锻炼而获得的头脑和心灵的特质。他观察到他的头脑变得更加"专注、纯净、聪明、无瑕、灵活、完美、不会被打扰"。当我们做正念练习的时候，我们要学习将头脑从它惯常专注的事情中解救出来，并把它安放在我们自主选择的领域里，让它照亮我们生活的某些方面。我们训练头脑变得清爽、有力和灵活，同时也训练它专注于我们想让它专注的事物上。

佛祖谈到了对头脑的驯服。他说，那就像在驯服一头森林里的野象。就像一头没有被驯服的野象会搞破坏，踩踏庄稼和伤人，未经驯服的、善变的头脑也会给我们和我们周围的人带来伤害。我们人类的头脑拥有远比我们所能意识到的更强的能力和力量。正念是训练头脑的有效工具，它使我们开启和运用头脑所具有的真正的潜力去增强洞察力、启发善心和培养创造力。

佛祖指出，当一头野象刚刚被捉住而被带出丛林的时候，它需要被拴在一根柱子上。而对于我们的头脑来讲，这根"柱子"就是我们在正念中所用到的练习，比如呼吸、吃进去一口食物或者关注我们的姿势。我们通过一次又一次回归到这一个关注点而给我们的头脑找到一个安住的点。这可以使我们的头脑平静，剔除无谓的干扰。

一头野象有很多因野生生活而养成的习惯。当人类靠近它的时候，它会跑开。当它害怕时，它会发起攻击。我们的头脑也是一样的。当头脑感觉危险时，它就会从当下跑开。它可能跑去令人高兴的幻想里，跑去对未来报复的思前想后里，或者仅仅是变得麻木。如果它感到害怕，它会通过负面情绪的爆发来攻击别人，或者它会转入内在，通过安静但是破坏性极强的自我批评来攻击自己。

在佛祖生活的时代，大象被训练得可以上战场而不会从混乱的战争中逃离。同样，在瞬息万变的现代生活里，经过了正念训练的头脑也可以在任何情况下都安于当下。一旦我们的头脑被驯服，即使遇到世界抛给我们的不可避免的难题，我们也能保持平静和稳定。最终，我们不会在问题发生时逃开，而是将它们看成是在考验及增强我们身体和心理的稳定性。

正念练习帮助我们觉察头脑惯有的逃避模式，允许我们尝试以另一种方式生存在这个世界里。这另一种方式就是让我们的觉知安于当下正在发生的现实里，安于耳朵听到的声响里、皮肤感到的触觉里、眼睛看到的形形色色的事物里。正念帮助我们稳定心灵和头脑，这样它们就不会一再地被生活中发生的那些不可预知的事情抛来抛去。如果我们有足够的耐心并且在足够长的时间里进行正念练习，最终我们会对所有事情产生兴趣，我们会好奇自己能从每件事情中学到什么，即使是从逆境甚至我们自己的死亡中去学习。

3. 正念对环境有好处

思想活动的很大一部分都是无休止地围绕着过去、将来或者幻想而运转，这不但毫无意义，而且极具破坏性。为什么呢？因为它是将一种对生态有害的情绪作为燃料的，这种情绪就是焦虑。

你可能会问，焦虑和生态又有什么关系呢？当我们谈论生态的时候，通常我们想的是生物之间环环相扣的物理世界，例如一片森林中存在于细菌、真菌、植物和动物之间的关系。而实际上，生态关系是基于能量转换而发生的，而焦虑也是一种能量。

我们可能已经意识到，若一位母亲长期焦虑，这会给她还未出世的孩子带来负面影响，这种影响是由母亲的血液流动、营养和激素的变化造成的，因为这就是胎儿的生长环境。同样，当我们感觉焦虑的时候，这会影响到所有存活于我们体内的"活的"组织——我们的心脏、肝脏等内脏，以及存在于内脏中的亿万细菌，还有皮肤。我们的恐惧和焦虑并不仅仅给我们的身体带来负面影响，也会影响我们接触到的每一个存在物和生灵。恐惧是一种极具感染力的心理状态，它会在家庭、社区甚至整个国家迅速蔓延。

正念练习包括让我们的思想停驻在一个没有焦虑和恐惧的地方。事实上，在这个地方我们得以寻找到另一种完全相反的心灵体验——我们会发现足智多谋、勇气和平静的快乐。

而这个地方在哪里呢？它并不是一个地理概念，也不是一个存在于时间这个维度的地方。它存在于在当下这个空间里所流逝的这个时刻里。只有和过去或未来相关的想法才会引起焦虑。当我们放下这些想法，我们同时也就放下了焦虑并找到了平和和安然。我们如何放下这些想法呢？我们可以暂时关闭头脑思考的功能，并且把这股释放出的能量引导到头脑的觉知功能上。这股蓄意达成的觉知和专注就是正念的本质。放松的、灵敏的觉知是焦虑和恐惧的解药，是我们自己的，也是他人的。这是一种对生态有益的人类生存方式，它使环境变得更好。

4. 正念带来亲密

我们最本质的渴望不是对食物的渴望，而是对亲密的渴望。当我们的生活中没有亲密关系的存在时，我们会感觉在这个世界里被孤立、孤独、容易受伤、不被爱。

我们习惯从其他人那里寻找亲密感。但是我们的伴侣或朋友不可能时时刻刻都能满足我们的需求。幸运的是，一种意义深远的亲密体验无时无刻不为我们开启——我们需要做的只是转身去投入、拥抱生命本身。这需要勇气。我们需要有意地开启我们的感官，机敏细致地去感受在我们的内在、身心以及我们周围的外部环境里，正在发生着什么。

正念是一个令人难以置信的、帮助我们学会觉知的简单工具。它帮我们觉醒、活在当下，并生活得更丰富。它帮助我们填充生活中的空隙——在这些时刻里我们处于无意识状态，因而在大部分时间里我们都没有活在当下。它也帮助我们填补另一个时常令人沮丧的缺口——那个横亘在我们和他人之间的缺口。

5. 正念打败我们的恐惧，令我们停止挣扎

正念帮助我们在不愉快的经历面前也勇于活在当下。我们通常的倾向是希望将自己的世界和身边的人安排成令我们舒服的样子。我们花很多精力令周围的温度刚刚好，灯光亮度刚刚好，床和椅子的柔软度刚刚好，墙壁的颜色刚刚好，家里的地板质感刚刚好，我们周围的人，包括我们的孩子、亲密伴侣、朋友、同事，甚至宠物，都刚刚好。

但是，无论我们做怎样的努力，事情总会不合心意。或早或晚，我们的孩子会发脾气，晚饭烧焦了，供热系统出了故障或者我们自己生病了。如果我们可以活在当下并保持开放，甚至欢迎这些令我们不快的经历和人，它们就会失去令我们恐惧、让我们反感或逃跑的力量。如果我们可以一次又一次地这样做，我们就会为自己赢得一种令人惊异的、在这个人类世界里少见的能力——在瞬息万变的情况下仍然保持快乐的能力。

6. 正念支持我们的精神生活

正念邀请我们关注日常生活中的许多小事。对那些想在现代生活的各种干扰下仍然保持高质量精神生活的人，正念是最有帮助的。禅

师铃木俊隆说:"禅宗不是什么令人兴奋的东西,而是专注于每天的日常生活。"正念练习把我们的觉知拉回我们的身体中,拉回当下这个时间、空间里。而正是在这里,我们才能被那个被我们称为"神"的永恒的存在触碰。当我们有觉知的时候,我们感激被赋予生命的每一刻。觉知是我们表达自己对生命这个礼物的感激,而这个礼物珍贵到无论如何我们都无以回报。觉知可以成为我们时常用来表达感激的祷告。

  基督教神秘主义有"生命是一串连续的祷告"的说法。这会是什么意思呢?这怎么可能呢?当我们因现代生活的快节奏而手忙脚乱时,我们需要不停地抄近路、走捷径,以至连与家人多说几句话的时间都没有。

  真正的祷告不是祈求或请愿,而是聆听,深入地聆听。当我们深入地聆听时,我们会发现即使是我们自己头脑中的声音也是具有破坏性的,甚至是令人讨厌的。当我们抛开头脑中不停冒出来的想法时,我们会进入一种更深刻的内在寂静和接纳之中。如果这份开放的寂静可以常驻我们心中,可以成为我们的核心所在,那我们将不再被不停响起的无数的内在声音所迷惑。我们的注意力将不再陷于内心情绪的纠结之中。它将被用在外界事物上。我们将在看到的所有表象中去寻找那份神圣;在所有声响中去聆听那份神圣;在所有触摸中去感受那份神圣。所有的事情都将向我们涌来,而我们将适当地去回应,然后我们重新安住于内心的这种寂静。这就是一份依赖于信仰的生活,相信那个同一的智慧,这就是那个由一串连续的祷告而串起的生活。

  当我们在一件生活琐事中注入觉知和专注,然后渐渐地在越来越多的日常事项中注入专注时,我们实际上在慢慢苏醒于每个神秘的时刻——这些时刻本身就是未知的,直到我们身处其中的那一刻。当事情发生后,我们会做好准备去接受和回应。我们对到来的每一刻都保持开放的心态。它们是简单的礼物——手拿茶杯时沁入手掌的温暖;

衣服触碰肌肤而带来的千般爱抚的感觉；雨滴下落声合成的乐章；又一次的呼吸。当我们可以赋予每一个当下完全的专注时，我们就跨入了由一串连续的祷告所构成的生命的门。

对正念的误解

虽然正念被强烈吹捧，人们还是很容易误解它。**第一种误解是，人们可能错误地认为练习正念意味着深思某件事情**。在正念练习中，头脑的思考能力仅仅被我们用来开始练习（"今天对你的姿势保持觉察"）和提醒我们在不可避免地走神的时候把思想重新拉回到练习上来（"把你的注意力重新放到你的姿势上来"）。但是，一旦我们遵循了头脑的旨意，开始将这些方法付诸实践，我们就可以抛开头脑中的想法了。当一个不停思考的大脑安静下来时，它就会转而进入一种开放的觉知。那个时候，我们就得以安住在自己的身体里，警醒机敏，专注于当下。

第二种关于正念的误解是，人们认为正念练习要求做每件事情都很慢。而实际上我们做事的速度并不是重点。很慢但并不专注地完成一项任务也是有可能的。事实上，我们行动得更快时，为了避免犯错，我们往往需要更专注。在进行本书中提到的一些正念练习时，你可能需要慢下来，例如，当练习正念饮食的时候。在做其他练习的时候，你会被要求暂时慢下来。在你开始其他日常活动之前，要将你的思想收回到当下，和你的身体整合到一起，例如，做三次深呼吸来让头脑安静。其他的练习对速度没有特别的要求，例如在坐下、走路或者跑步的时候对脚底保持觉知。

第三种经常发生的对正念的误解是，人们认为正念练习是一项在有限的时间里做的特别的项目，比如30分钟的冥想练习。而实际上，如果我们可以将正念练习融入每天的日常活动里，将对我们有很大的帮助，它可以提升我们的注意力、好奇心，并为每日平凡无奇的生活添加一份新奇感，无论你是在早上起床、刷牙、走过一扇门、接听电话，还是听某人讲话。

如何使用本书

这本书提供了很多将正念融入你的日常生活的方法，我们称它们为"正念练习"。你也可以将它们想象为正念"种子"。在你生活的各个角落播种下"正念"种子，每天，你能看到它们的成长，看到它们生根发芽，直到硕果累累。

每个练习都包括几个部分。开始，你先会读到一段对任务的描述，以及关于如何提醒你自己在每天和整个星期来持续做这个练习的主意和提示。接下来是被称作"初步发现"的部分，它包括人们对当下这个任务的一些观察、思考以及人们在练习的时候所遇到的困难；同时，我们也提供了相关的研究结果供你参考。在被称作"深入课程"的部分，我对和这个练习有关的主题和由其引发的更深奥广阔的人生课题进行探索。每个练习都好像打开了一扇窗户，让我们看到觉醒的生活可能会是什么样子的。最后，还会有些"结束语"，它是对这个练习的总结，或者启发你持续练习下去，看这个练习能为你的生活带来什么。

使用这本书的一个方法是在每周的开始只读本周要做的练习的描述部分以及对如何提醒自己坚持练习的建议。不要偷读后面的内容哦！把你用来提醒自己的词句或者图片贴到你经常可以看到的地方来提醒自己记得练习。到那一周的中间，你可以读你正在做的这个练习的"初步发现"这一部分，看看其他同样尝试过相同练习的人都有怎样的体验和想法。这能为你练习的方法带来一些改变。在那一周的末尾，在开始下一个练习之前，你可以阅读"深入课程"部分。

你可能愿意像我们在寺院中做的那样：我们从第一个正念练习开始，在一年中按照顺序进行练习，每个星期做一个练习。你可以在每个周一开始一个新的练习，在接下来的 6 天里完成所有的阅读并且记录自己的练习体验。你也可以根据实际情况跳过一些练习，选择与你在那一周正在经历的事情或所处的情况最适合的练习来做。有的时候我们也可能在两三周内做同一个练习，如果这个练习可以带来新的体悟，或者我们愿意做得更好的话。

和其他人一起做这些练习会很有趣，就好像我们在寺院中做的那样。或许你可以成立一个正念练习小组，每一两个星期选一个练习来做，然后大家聚在一起分享在练习中学到了什么。在每个星期的讨论中我们都欢笑不断。重要的是对"失败"别太在意。每个人在做这些练习的时候都会有不同的体验、感想，每个人都能讲述其在尝试练习时发生的趣事以及经历过的失败。

在大约 20 年前我们在寺院中开始了这种每个星期进行一个正念练习的做法。这个想法来自一个曾经住在追随葛吉夫教义的社区的人。他解释说无论你练习成功或者失败都没有关系。有的时候，没有成功地做一个练习比成功地做了练习能教给你更多东西，因为你会思考是什么使你没能成功练习，在失败后面隐藏着什么，是懒惰、固执的厌恶或者仅仅是分心？最重要的是你要过一种越来越觉知的生活。葛吉夫称之为"记得自己"。在佛教中称之为"觉醒于我们真实的自我"——觉醒于我们生活的本来面目中，而不再沉湎于我们在头脑中的想象。

提醒

这些年来我们意识到,每周正念练习最困难的部分是要记得去做这些练习。所以我们发明了一些方法来在每天和每个星期提醒自己。往往我们会把提醒的词句和小图片贴在我们经常会看到的地方。你可以上网站 www.shambhala.com/howtotrain 去打印这些简单的提醒。在书中我对它们也有描述,不过你也可以创造性地发明自己的提醒工具。

正念练习笔记本

为了帮助你从这些练习中学到最多,我建议你用一个笔记本来记录做每个练习的体验以及你从中学到了什么。如果你和一组人一起做本书中的练习,你可以在小组讨论的时候带上你的笔记本,从而提醒自己在练习中都有哪些发现,或者遇到了哪些难题。放一个笔记本在你的书桌或者床头柜上也是提醒你每周做练习的好办法。

永无止境

我们希望一旦开始做每周正念练习,它会一直跟随我们而成为我们不断提升的正念能力的一部分。但是,作为人,我们总是会回到我们的旧有行为和无意识的习惯模式上。这就是为什么在寺院里我们用这种每周正念练习已经有 20 年之久,同时我们也一直在发明新的练习。这是正念和觉醒之路最精彩的一点——它永无止境!

Week 01
用你不经常用的那只手

本周练习

　　每天,在日常生活中使用你不经常用的那只手,包括刷牙、梳头或者至少在吃饭的一部分时间里用不常用的那只手。如果你想接受更大挑战的话,尝试用不常用的那只手写字或拿筷子吃饭。

提醒自己

记住每天做这个练习的一个方法是在你常用的那只手上贴一枚创可贴。你看到它时就换用不常用的那只手。你也可以在卫生间的镜子上贴一张小纸条提醒自己用"左手"（如果你经常用右手的话），或者贴一个手形的剪纸在你的镜子上、冰箱上或者书桌上——任何你容易看到的地方都可以。

另一个方法是贴点什么东西在你的牙刷柄上，从而提醒你自己用不常用的那只手刷牙。

初步发现

这个实验常常引人发笑。我们发现自己不常用的那只手很笨拙。使用它将我们带回到了禅师所说的"初心"。我们经常用的那只手可能已经40岁了，但是不常用的那只手却年轻很多，可能仅仅两三岁。我们需要重新学习如何拿叉子以及如何把它送到嘴里而不戳伤自己。刚开始用不常用的那只手刷牙时，我们可能很笨拙。而且在我们不注意的时候，常用的那只手可能已经把叉子或者牙刷抓过去了！这就好像一个霸道的姐姐说："小傻瓜，还是我来吧！"

努力用不常用的那只手可以唤起我们对笨拙的、不灵巧的人的同理心，例如一个残疾人、受伤的人或者中风的人。我们立刻认识到我们是如何将这些简单的但是其他很多人却不能做的动作视为理所当然的。用不常用的那只手使用筷子是一种令人谦卑的体验。如果想在一个小时内吃一顿饭并且不让食物掉得哪里都是的话，你要很专注才行。

深入课程

这个练习体现出我们的习惯是多么强大和无意识,以及倘若没有觉知和决心,改变习惯将多么困难。这个练习帮助我们将"初心"注入每个活动之中,例如吃东西。这些活动我们每天会做很多次,但是往往我们只是放了部分注意力在上面。

使用不常用的那只手也让我们认识到自己是多么没有耐心。它可以帮助我们变得更灵活,同时让我们发现学习新的技能什么时候都不晚。如果我们经常练习使用不常用的那只手,随着时间过去,我们会看到自己技能的长进。我已经练习使用左手很多年了,现在我已经忘了哪只手才是"正确"的那只手。这也会带来实际的用途。如果我失去了使用常用的那只手的能力,好似中风的几个亲戚遭遇的那样,我不会因此而变得无助。当我们学习一项新的技能后,我们会发现还有很多其他的能力潜藏在我们的内在而未被发掘运用。这个认识可以给我们信心——相信通过练习,我们可以在很多方面改变自己,从而成就更灵活和更自由的人生。如果我们愿意付出努力,通过一段时间的积累,我们可以唤醒潜藏在我们内在的各种技能,并把它们运用到每日生活之中。

禅师铃木俊隆说:"初学者的心充满各种可能性,老手的心却没有多少可能性。"正念练习使我们能够一再回到由当下这个伟大的时刻而生发出的无限可能性中。

结束语

在任何情况下都保持初心,会为你的生活注入可能性。

Week 02
不留痕迹

本周练习

在你的房子里选择一个房间,然后,在一个星期的时间里,你尝试每次使用过这个房间后都不留下任何痕迹。卫生间或者厨房对很多人来说是最好的选择。如果你曾在那个房间里做过些什么,如煮饭或者洗澡,将它打扫到不留下任何你曾经到过那个房间的痕迹,除了食物或者香皂的香气。

Week 02　不留痕迹

提醒自己

在这个你选择用来做练习的房间里贴一个便利贴提醒自己"不留痕迹"。

在以禅宗为主题的绘画中，乌龟标志着这个"不留痕迹"的练习，因为在沙地中爬行时，它们会用尾巴擦掉自己留下的足印。所以，除了用文字写成的提醒标签，你也可以用画有乌龟的小图片来提醒自己。

初步发现

通常，当我们离开一个房间的时候，它会比我们刚进入的时候更乱一点。我们会想："稍后我会打扫的。"但是，这个"稍后"却一直都没有发生，直到有一天脏乱的环境给我们带来不可忍受的困扰，我们被烦到一定程度才会去做一次全面的大扫除。或者，我们会对别人生气，认为是他们没有做他们自己的那份家务。其实，如果我们学会马上打扫或者处理，事情会简单很多。这样，我们就不再会因为越来越乱的环境而感觉越来越烦。

这个练习帮助我们意识到在日常生活中，我们趋向于逃避做一些我们本可以马上处理，但却因为种种原因而没有动力去做的小事。我们可以在走过人行道的时候捡起垃圾，或者捡起在卫生间里被扔在垃圾桶外面的纸巾。我们可以在从沙发上站起来后将靠垫摆放好，或者随时将咖啡杯洗好，而不是把它们堆在水池中。我们可以在用过工具后把它们放好，即使明天还要用到它们。

我们观察到，一个人在一个房间里的"不留痕迹"练习会延伸到他生活的其他方面。养成饭后立即洗碗的习惯，会使他在起床后立即铺床，接着，洗澡后他会马上清理掉到下水道里的头发。开始的时候，我们需要特别振奋精神去练习，但那以后，起初投入的精力会生发出更多的精力来。

深入课程

这个练习使我们懒惰的习性曝光。"懒惰"这个词只是一个描述而已，并不是批评。如果我们不是全心全意地投入生活，往往我们就会给其他人带来麻烦。比如我们经常洗好碗后却不把它们放回碗橱。当生活变得忙乱时，不做冥想也很简单。

这个练习也引导我们关注和觉知那些在日常生活中给我们带来支持的小事物——吃饭用的筷子、勺子，为我们保暖的衣服，供我们遮风避雨的房间。当我们专注地清洗、烘干、打扫、折叠、整理这些事物时，这将成为我们对它们提供的服务所表达的感激之情。

道元禅师给他寺院的厨师写下了具体的指导："清洗筷子、长柄勺和其他的餐具；给予它们同等的细心和觉知；把所有东西放回它们本该在的地方。"把脏的东西洗干净、整理好本身是很令人满足的事情；细心地对待这些在生活中给我们带来很大便利的事物也是令人满足的，无论是塑料盘子还是精美的陶瓷。当我们把我们的空间和周围的事物打扫干净后，我们的头脑会感觉"更干净"，我们的生活也会变得不再那么复杂。一个朋友和我分享了一位年老的阿姨将几斤重的旧衣服、早就过期的药物和其他垃圾清理出房子的经历。他说："一开始她看上去很担心，但是接下来她就放松了。我们每扔出去一袋垃圾，她看上去就年轻了一岁。"

这份"不留痕迹"所带来的满足感可能是我们另一个愿望的深刻体现——当我们离开这个世界的时候，我们希望至少这个世界不比我们来的时候更糟,而且我们希望我们可以使它变得更好一点。理想的话,我们留下的唯一痕迹将是我们曾经如何去爱、去启发、去教导或者去服务他人。这些能给后人带来最正面的影响。

结束语

先练习不留痕迹,再练习使事物变得更好。

Week 03
填充词

本周练习

留心你经常用到的"填充"词汇和短语,并且尝试把它们从你的语言中剔除出去。填充词是那些不能为你正在说的话增加任何意义的词语,例如"嗯""啊""就好像""你知道""差不多""有点"。有时,不同的填充词会被加到我们的词汇中来。最近新加入的可能包括"基本上""无论如何"。

除了剔除填充词,请注意为什么你喜欢使用它们——在什么情况下使用?你出于什么目的使用它们?

提醒自己

一开始，注意到你自己在使用填充词会非常困难。可能你会需要朋友或家人的帮助。孩子们会喜欢在父母用填充词的时候发现和纠正他们。让孩子们每次听到你用填充词时就举起手来。一开始，他们的手会以令人烦心的频率举起、放下，由于这个习惯对你来说完全是下意识的，你可能甚至需要让他们来告诉你你刚刚说了哪个填充词！

另一个帮你听到自己使用了填充词并且意识到自己使用它们的频率的方法是录下自己说的话。在你说话或者打电话的时候，请你的室友、伴侣或者孩子用手机或摄像机为你录像。你在看这个录像的回放时记录下你用了哪些填充词以及它们被使用的频率。

初步发现

在寺院中，我们发现这是最富有挑战性的正念练习之一。听到你自己说填充词以及在说出口之前阻止自己有着令人沮丧的困难——除非你在说话方面受过训练。在某些公开演讲培训小组，有人会被安排专门来记录其他演讲者使用填充词的情况，从而帮助他们学习成为更有效的演讲者。当你开始留意去听填充词后，你会开始在所有地方都听到它们——在广播里、电视上和每日的对话里。一个十几岁的孩子每年大约使用20万次填充词"好像"！你也会注意到哪些人不用这些词，以及哪些人会意识到这些词的"缺席"使他们的演讲变得更有效及更有力量。例如，去听马丁·路德·金或者奥巴马的演讲，注意听他们用不用填充词。

填充词有几个功能。它们填补语句中的空间，告诉聆听者你要开始讲话了或者还没有讲完。"所以……我告诉他对于他的想法我怎么看，然后……嗯……我说，就好像，你知道……"填充词也使我们的话听上去更柔和，使它听上去不那么肯定和咄咄逼人。"所以，无论如何，我，你知道的，觉得我们应该，基本上，大概可以做这个项目。"我们是不是害怕激起别人的激烈反应或者犯错呢？我们不会想要这样一个缺乏信心、不坚定的总统或医生。填充词会成为聆听者的一个障碍——它们"稀释"了所讲内容的含义，使所说的话听上去愚蠢可笑。"爱你的，你知道，邻居，就好像，差不多是，好像，你自己。"

深入课程

使用填充词仅在最近 50 年才变得普遍。这是不是因为学校不像以前一样强调精确的语言、演讲术以及良好的辩论技巧的重要性了呢？或者，在今天这个多元化、后现代的世界，真相常常被认为是相对的，因而我们也有意识地开始以一种不那么绝对的方式来讲话？我们是不是怕说一些在政治上不对的话或者激起听众某些反应的话？我们是不是正在陷入道德相对主义的泥潭？如果这个趋势继续下去，我们有一天会发现我们能说出这样的话："偷窃好像是，差不多是，从某种程度上来说，错的。"

当我们头脑清晰时，我们可以以一种直接的方式来讲话，表述精确，同时不会侮辱其他人。

这个正念工具让我们看到自己无意识的行为多么根深蒂固，以及要改变它们有多难。使用填充词这样的无意识的习惯本身就是——无意识的。只要它们仍然是无意识的，它们就不可能被改变。只有当我们对一个行为模式产生觉知时，我们才开始有一些空间去努力改变它们。但即使这样，改变一个根深蒂固的习惯仍然很难。一旦我们停止积极勤奋地努力改变一个不想要的习惯，它很快就会回来。若我们想改变，若我们想发挥自己的潜能，我们就需要慈悲、决心，以及坚定而持续地练习。

结束语

我觉得你们都是开悟的，直到你们开口说话。

——铃木俊隆

Week 04
感激你的双手

本周练习

每天这样做几次：当你的两只手都忙着时，细致地观察它们，就好像它们属于一个陌生人。同时，当它们静止的时候，也观察它们。

提醒自己

在你的手背上写下"看我"。

如果你的工作不允许你这样做,就戴上一枚你不经常戴的戒指。(如果你也不被允许戴戒指,例如你在手术室工作,你可以利用洗手或者戴手术手套的时间对你的手保持觉知,好像它们属于陌生人一样。)

如果你不经常涂指甲油,你可以在一个星期里通过涂指甲油来提醒自己关注手。或者,如果你本来就涂指甲油,你可以涂一个特别的颜色。

初步发现

我们的手能熟练完成各种任务,而且很多事情它们都能自己完成,并不需要多少来自我们头脑的指导。观察它们工作,看它们繁忙地过自己的日子,是很有趣的一件事情。双手能做很多事!两只手既可以合作,也可以分别做自己的事。

做这个练习的时候,我们会发现每个人都有自己独特的手部动作。说话的时候,我们的手会挥动——它们几乎是自己在做这件事。我们注意到随着时间的推移,我们的手也会改变。看着你的手,想想它们在你还是婴儿的时候是什么样子,接着想象当你长大后,它们是如何随之变化直到变成今天这个样子的。接下来,想象它们变老,在你去世的时候变得没有生命,然后重新回归到泥土中。

即使当我们睡着的时候,手仍然在照料我们——拉好毯子、抱住躺在身边的那个人、按掉闹钟。

深入课程

在每个时刻我们都被照料着。我们的身体这样照料着我们，甚至是在我们完全无觉知的状态下，这正是一个体现我们原始本性那持续而美丽的机能，及我们本身所固有的善良和智慧的例子。当我们还没有感到热时，手已经从火旁躲开了；在我们还没有觉察到刺耳的声响时，我们的眼睛已经眨了；或者，在我们还没有意识到一些东西掉了时，我们的手已经自主地伸出去接那个东西。左手和右手合作，每只手完成自己那份任务。擦干盘子的时候，一只手拿盘子，另一只手拿毛巾。切菜的时候，一只手按住菜，另一只手来切。洗手的时候，它们也是合作愉快，彼此帮忙。

有一则关于观音菩萨的故事。她总是被描述成拥有一千只眼睛，这是为了可以看到所有需要安抚的人；她还拥有一千只手，每只手拿着一个不同的可以帮助人们的工具。有的时候，她还被描述成每个掌心中甚至还有一只眼睛。故事是这样说的：

一天，禅僧温甘（Ungan）问禅师多戈（Dogo）："观音菩萨是如何用得了那么多只手和眼睛的？"

多戈回答说："就好像一个人在半夜把手伸到脑袋后面去拿枕头一样。"

我的一个学生是拨弦乐器制作匠，对这个故事他有自己的见解。当他把手伸到他看不到的吉他的内部去工作时，他意识到实际上他的手是"长了眼睛"的；它们可以看到自己正在触碰的表面，看到细节，并且在那上面工作，即使是在黑暗中。他的内在之眼和他的手协调地一起工作，就好像一个已经入睡了的人可以"看"到他的枕头，他的手可以很自然地伸出去把枕头拉到他的头下。这正体现了当我们的头脑不来阻碍时，我们的内在智慧和慈悲是如何一起工作的。

当我们清楚地看到所有存在的同一性时，我们会意识到所有事物都是一起工作的，就好像手和眼睛。就像我们的手不会伤害我们的眼睛，我们的本性也注定我们不会伤害自己或者互相伤害。

结束语

> 两只手毫不费力地一起工作；它们完成很多美妙的事情，同时它们从不会伤害彼此。这是否也适用于两个人的相处呢？

Week 05
吃东西时，就只是吃而已

本周练习

这周，当你在吃东西或者喝东西时，别做任何其他的事情。坐下，花时间享受你正在吃进去或者喝进去的东西。在吃或喝的时候，开启你的所有感官。观察这些东西的颜色、形狀、表面质地。注意你嘴里的气味和味道。聆听吃喝所发出的声响。

Week 05　吃东西时，就只是吃而已

提醒自己

在你吃饭的桌子上贴一个便条，在上面写下"只是吃"。在所有你可能吃零食的地方也贴上这样的一个便条。

同时，在那些可能令你在吃饭的时候分心的东西上也贴上便条。比如，在你的电脑或电视上，贴上写有"吃"这个字的纸，并在纸上画一个叉（×），提醒自己用这些东西的时候不要吃东西。

初步发现

对大多数人来讲，这都不是一个简单的练习。如果你在赶路，在从一个地方赶去另一个地方的途中，打算喝口茶或咖啡的话，你就需要停下来，找一个地方坐下，享受你的饮品。如果你正在电脑上工作，为了好好享受一口咖啡，你需要把两只手都从键盘上拿开，把视线从屏幕上挪开。

吃已经成为我们现代生活中永远在进行的多个任务中的一部分。在做这个练习时，我们才发现在吃饭的时候，自己同时还做了多少事情。我们在走路、开车的时候吃东西；在看电视或电影、阅读、听音乐的时候吃东西；在电脑上工作、玩电脑游戏的时候吃东西。

当我们停止在吃饭的时候做这些明面上的活动时，我们接着就会发觉注意力不集中的另一个不明显的方面——在吃饭的时候说话。我们的父母可能曾因为我们在嘴里塞满食物的时候讲话而骂过我们，但我们仍然会一边吃饭一边说话。做这个练习可以教会我们将吃饭和说话交替进行；也就是说，如果你想说话，就先别吃东西。别同时做这两件事情。

一边吃东西一边社交已经成为很普遍的事情。你可能会觉得当自

己一个人在餐厅吃饭时,如果不阅读或者做些其他的事情来分散自己的注意力的话,你就会感觉很不自然。你可能会想象人们肯定在想:"可怜的东西,没有朋友。"你翻开书或者打开电脑,这样你看上去才足够高效,而不是"浪费时间"在"仅仅是吃东西"上。一边吃东西一边做事可能带来的一个问题是,这会成为"腰围增长时间"——在这段时间里,你无意识地吃下去多余的食物;在你不知情的情况下,它们长成了你腰间的赘肉。

在日本和欧洲的一些地方,一边走路一边吃喝是很没有教养的。在日本,你在站着或走路的时候可以吃的唯一的食物是甜筒冰激凌,因为它会很快融化掉。那里的人们会盯着那些买了快餐在路上边走边吃的粗鲁的外国人看。即使是快餐,他们也会买回家,把它们漂亮地摆在桌子上享用。吃饭的时间是慢下来全心全意地享受食物、饮品和其他人的陪伴的时间。

深刻课程

为什么我们迫不及待地想要同时做很多事情,而不浪费时间在仅仅是吃东西上呢?看上去我们的个人价值来源于我们认为自己在一天中做了多少,或者能划去多少列在任务清单上的项目。吃和喝既不能帮我们赚到钱、找到伴侣,也不能帮我们获得诺贝尔奖,所以我们认为它们是无价值的。在正念饮食工作坊里,很多人说:"哦,我只是想赶快吃完饭,就可以去做其他事情了。"如果每天我们做的最重要的事情就是专注于当下,即使只是 30 分钟,那会怎样呢?如果我们能给这个世界的最好的礼物,不是我们创造的任何事物,而是我们本身的存在,那会怎样呢?

当我们注意力不集中的时候,就好像食物根本不存在。我们可能吃掉了盘子里所有的东西,但仍然感觉不满足。我们会一直吃下去,直到发觉自己已经太饱了,感觉不舒服了才停止。如果我们将觉知和专注注入吃这个活动中,那么,即使只是吃一口食物,这个体验也会变得更丰富多彩。这样,我们会吃到感受到内在满足为止,而不再吃到感觉自己被"填满了"。

一行禅师写道:

有些人吃橘子,但是并没有真正地吃到橘子。他们吃进去的是自己的悲伤、恐惧、气恼、过去和将来。他们并没有身心合一地活在当下。你需要一些训练才能真正地学会享受你的食物。这些食物来源于全宇宙,仅仅是为了滋养我们,这本身就是奇迹。

结束语

吃东西的时候,仅仅是吃而已。喝水的时候,仅仅是喝而已。专注是最好的调味品,无论是对你的食物而言,还是对你的生活而言。享受每一口,享受每一刻。

Week 06
真正的赞美

本周练习

　　每天一次，想你身边的一个人——家人、朋友或同事，并给那个人真正的赞美。那个人和你的关系越近越好，例如孩子或父母（在邮局告诉一个陌生人你喜欢他的围巾不能算）。赞美越具体越好，如："我很感激你总是愉快地接听电话。"

　　对别人给你的赞美也要留意。思考赞美的意义和意图，以及它们给你带来的影响。

提醒自己

在你经常可以看到的地方贴上写有"表扬""赞美"字样的标签提醒自己。

初步发现

有些人说他们刚开始做这个练习的时候感觉很抗拒,因为他们担心自己的赞美并不诚恳。但很快,他们就发现了很多值得他们感激的事物,这个练习也就变得容易起来。有的人在做这个练习的时候发现自己习惯于批评挑剔,他们往往只会注意到问题,以及对问题发表评论。做这个练习能帮助他们发现以及扭转这种心境。

其他人表示,当他们给出赞美的时候,他们发现被赞美的人总是会拒绝接受赞美——"哦,我不觉得我这次做的饼干有多好。"收到赞美会让人感觉脆弱。有的人从青少年期开始对赞美变得小心翼翼,因为他们不确定自己得到的赞美是真诚的,还是仅仅是玩笑而已。他们自己也开始学会以玩笑的口吻赞美别人,或者在自己得到赞美的时候认为那只是一个玩笑,从而保护自己不会在之后受窘。一个人告诉我们,他的父母教了他如何接受赞美。他们建议:"你只要说'谢谢'就好了。赞美你的人只需要听到这个。"

另一个人描述了他为何主动学习赞美别人这项艺术,因为他从小在酗酒者家庭长大,成长过程中他听到的永远只是负面的评价。他发觉赞美别人可以"令人放松,把周围的能量变得正面"。他还发觉当得到赞美时,自己的孩子更加茁壮成长,伴侣更加快乐,员工也更加努力。

在如何接受赞美这个方面,各国之间存在文化差异。在中国和日本进行的研究发现,95%的人对赞美的回应都是否认得到的赞扬或者转移话题。在亚洲，这很普遍，因为若不这样做，被赞美的人可能会被认为不够谦虚。丈夫不会在众人面前赞扬自己的妻子，以免被认为自大吹嘘。

作为一种有效的冲突解决方法，非暴力沟通教给我们，例如"你非常（形容词）"这种形式的赞美其实会使人产生距离感。该方法建议就具体触动你的具体事物来赞美，因为这样的赞美会带来彼此连接和亲密的感觉。"你这样花时间为会议烘焙新鲜的饼干，我很感动。谢谢你。"

这个正念练习帮助我们对存在于我们关系中的赞美模式以及频率产生觉知。一些赞美是真诚的；另一些赞美只是为了达成某种目的。当我们第一次见到某人或我们在追求别人时，我们往往会给对方更多赞美。后来，我们渐渐开始视身边的人为理所当然，不再对其表达赞赏、感激或珍惜。

深入课程

道元禅师写道："你应该知道，充满慈悲的话语来自善良的思想；而善良的思想生发于慈悲的心灵这颗种子。"你应该想到善良的话语并不仅仅是表扬别人的优点，它甚至有改变国家命运的力量。我们在对人、事、物作出反应时会经历三种可能的心境：正面的（一种开心的感觉）；负面的（一种令人不快的感觉）；中立的（既非正面也非负面的感觉）。当一个人激发出我们内心的正面感觉时，我们更容易以一种正面的心态对待及赞美他。例如，我们很自然地倾向于赞美我们的追求对象，以及还没有变成不听话的幼儿的可爱的婴儿。

当一个人成为我们生活的一部分后，我们往往会不再留意他们所做的，也想不起来去赞美他们。事实上，我们可能只记得对不好的、那些我们认为应该改变的地方发表评论。虽然我们不想，但这样的习惯会不可避免地使这个关系渐渐笼罩在负面情绪之下。主动关注他人做得好的地方并且真诚地给出赞美会为人与人之间的关系添加新的温暖、亲近感以及令对方更愿意响应自己。

针对暂时的或者有条件的特质，例如针对美貌而发出的赞美会让我们感觉有点不舒服。这是为什么呢？因为我们直觉上明白一些特质，例如外在的美丽，来自侥幸得到的基因与当下社会审美体系的共同作用。我们并没有自己雕刻那张英俊的脸。那只是一份暂时的礼物。我们知道随着时间的推移，它也会开始有双下巴和皱纹。甚至，只需要一年的时间，它就可以被定义为"丑陋"了。直发流行了几年，长了卷发的女孩花大把时间把自己的头发弄直。然后，卷发又成了新的时尚。大部分令我们得到赞美的都是暂时的——苗条的身材、运动能力，甚至智商。它们很少是我们自己努力得来的。这就是为什么最好的赞美构建于我们对别人带给我们的感受的感激之上。

隐藏于为我们带来赞美的临时特质之下的，是我们的真实本性。在佛教中，它被称为我们的佛性；在其他宗教中，它被称为我们的神性。这就是我们的本质。它不取决于感觉、外在特质或者其他类似的属性。你不能做任何事去使它更好或更坏、更多或更少。无论你做过哪些对的或者错的事情，无论在你身上发生过什么，这个本质都会完好如初。在你出生的时候它没有增加什么；在你去世的时候它也不会有任何减少。它是"永恒"通过你来完成的自我表达。

结束语

> 慈悲的话语是一份礼物。它为心灵带来财富。

Week 07
正念姿势

本周练习

一天中留心几次你自己的姿势。这里包含两个要素。第一，它意味着你要觉察到自己当时的姿势是怎样的，同时注意感受这个姿势给你的身体带来怎样的感觉。如果闭上眼睛，是什么让你感知到自己是站着、坐着还是正躺着呢？例如，如果你闭着眼睛坐在一把椅子上，是什么让你知道你在一个坐着的身体里呢？在哪里你能感觉到压力或者动作？

第二，对姿势保持觉知也意味着一天中你要多次注意和调整自己的姿势。如果你没精打采的，就轻轻地挺起身来。

一个很好的觉知姿势的时间是在吃饭的时候。坐在椅子的前部边缘处，两脚平放在地面上，膝盖略微分开。挺直脊柱，给呼吸留出最大的空间。

其他有趣的可以用来练习对姿势保持觉知的时间包括排队、开车、躺在床上、开会、上课以及走路的时候。

Week 07 正念姿势

提醒自己

向你的家人和朋友寻求帮助。告诉他们如果看到你没精打采或东倒西歪时请提醒你。同时，也注意通过镜子和反光玻璃观察自己的姿势。当你走过它们时，站住了，看一下自己侧面的姿势怎么样，看看是否需要调整。

在你的餐桌或餐椅上贴上彩色胶带或者写着"姿势"字样的小纸条。

初步发现

往往人们很吃惊地发现自己有着难看的姿势。从前面看自己的姿势还好，但是当看到自己侧面的样子时，他们才惊讶地意识到自己的肩完全是塌的。我们会根据情况的不同来调整姿势，如在参加工作面试或者聆听有趣的讲座时，我们往往坐得很直；看电视的时候我们就瘫坐在沙发里了。我们很容易就能发现那些受过专门训练的人的不同，例如军人、舞蹈演员或者皇室家族成员。他们有很引人注意的笔挺的姿势。为什么姿势对那些人那么重要呢？有一个西班牙谚语是这样说的："即使牧师穿着睡袍，你还是可以看出他是一位牧师。"意思是说，仅仅从一个人的外在风度你便能看出他是有信仰的人，因为这是内在姿态或正直的反映。

在正念练习中，我们很重视姿势，不仅仅是在冥想大厅里，也包括坐在饭桌前或走路的时候。我们行走时会把手合拢握于与腰同高的位置并保持，这被天主教的修女称为"手的羁押（Custody of the Hands）"。当在走道里相遇时，我们会停下来，双手合十并鞠躬。当我们被分配去完成当天的工作时，我们也会鞠躬，感激自己有可以用来工作的身体。每天四次诵经时，我们会俯身叩首，这个谦卑的姿势表明我们放低了自私的心绪，打开了封闭的心。同时，我们的手掌从地面向上抬起，意味着我们想要提升和发挥自己的全部潜能去培养智慧和慈悲。有的时候，在一天里我们会做上百次这样的鞠躬礼。为过去的错误赎罪的人每天会多做 108 次这样的全身叩首礼。一位禅师因为每日做太多的叩首礼，他的额头长出了老茧。他说他过去是一个倔强固执的人，现在他需要练习谦卑。

日本人每天鞠躬很多次，所以通常日本的老人们的背都是弯的，直不起来了。他们对此并不介意，说这帮他们持续对生活鞠躬，持续对生活所带给他们的所有心怀感激。

深入课程

阿姜查说："智慧来自对所有的姿势保持觉知。练习从你醒来的那一刻就应该开始了。它应该一直继续下去，直到你睡着为止。重要的是你要保持警觉，无论你是在工作，或者只是坐在那里，还是去卫生间。"

姿势和专注是相关联的。通常，困倦（无论是在冥想中还是在其他任何时间）代表你的姿势走样了，你的肺被每次的呼吸填满。在这种情况下，你要安静地做出调整，从脊椎底端开始坐直身体，从而使脊柱更有力量，也给呼吸腾出最大的空间。然后，做几次深呼吸。这样做的目的是为呼吸创造最大的空间而使气流畅通无阻地通过。姿势和心情也是相关联的。当你意识到自己情绪不好时，你可以试着改变姿势。

"正直"这个词既可以用来描述姿势，也可以用来描述我们如何过自己的生活。"正直"意味着诚实、有良知和精进。无论生活带给我们什么，我们都不会放弃这个根基。我们的生活在各个方面都是和谐一致的。佛陀经常被称为圣者，不是因为他是王子，而是因为他勤奋地练习冥想和觉知，从而成为一位忠实于根本真理而生活的人。通过练习，我们也可以沉浸于这个真理中，并让它来启发、支持和引导我们的生活。

当我们专注于自己的呼吸时，我们就得以开启内在的那份平静。当我们允许头脑中混乱的想法平息下来时，我们会发现那份与生俱来的智慧。当我们放松并开启我们的心灵时，内在的那份慈悲会涌现。当我们练习得足够久，从而在任何时刻都能运用这样的能力时，我们就可以拥抱着一份信心去过生活，正直而不可动摇。

结束语

身体和心灵并不是分开的——它们彼此深深相连及相互依赖。身心疲惫时，尝试调整身体的姿势。

Week 08
每天结束前的感激

本周练习

每天结束前,记录下至少5件在当天发生的值得你感激的事情。在每周的末尾,将它读给你的朋友、伴侣或正念练习的同伴听。

提醒自己

在你的床边或枕头上放一个记事本及一支笔。每晚上床后,记录下你的感激清单后再躺下睡觉。

初步发现

当人们刚开始做这个练习时,他们经常觉得每天至少写下 5 件值得感激的事情会很难。但是,当他们开始后,他们会惊讶地发现,这个清单会越变越长。这就好像一个长时间被忽略的水龙头忽然被开启了,水流关也关不上。白天你可能发现自己特别在头脑中记录"可以加到感激清单上的事情"。这会鼓励一个可爱的转变的发生——我们的心中时刻充盈着感激。

莱沃米尔斯基(Lywomirsky)进行的研究表明,40% 的幸福取决于我们有意而为之的活动。每日记录感激日记的人,或经常对别人的善意表达感激的人,他们的幸福感较高,而抑郁的概率则较低。

我们可能认识一些天生就懂得感激的人。在他们身边,我们的精神状态会被提升,我们的生活看上去也更美好。

"培养"我们的心灵——让不健康的情绪和想法减少,并增加健康的情绪和想法。如何使之变得可能呢?这是一个关乎能量的现象。任何被我们注入能量的事情都会增加。一开始这看上去可能很肤浅,但当我们特别地去培养感激之心时,我们会渐渐成为自然而然心怀感激的人。(相反地,如果我们滋养负面心境、嫉妒或者批评,它们也会使我们成为那样的人。)

深入课程

我们的头脑看上去是如磁铁般被负面的东西所吸引。它故意翻阅那些困难的记忆,不停地深思细想,一遍又一遍。它不停地尝试去改变已经发生了的结果。"如果我当时那样做了的话,那他就会……"过去的已经过去了,我们并不能改变任何结果,能改变的只有我们自己,而且这种改变只能发生在当下。头脑也会想那些在未来可能发生的可怕的事。"如果经济崩溃,没有足够的食物,有人拿着枪到我们门外,怎么办?"头脑认为它在做自己的工作,保护我们让我们没有危险,而实际上它却使我们更害怕和更紧张。

头脑说:"谁在意那些发生过或将要发生的好事呢?好事又伤害不到你。我要做的是考虑所有可能的坏结果。"新闻媒体很了解这一点。这就是为什么大部分新闻的内容都是负面的:"小心这个新的危险!""这件可怕的事情现在正在发生,或者在任何时候都可能发生!"现代头脑很喜欢读这样的故事,这使我们购买、阅读或听这些故事。但是,对负面事物的过分关注会使负面事物变得无处不在,制造一种焦虑、抑郁的心态。我们预期会遭遇到的,最终会变成我们真正得到的结果,这是一个悲哀的被应验的或自己惹祸上身的预言。

这个在每天结束的时候记录值得感激的事情的练习,是我们过于关注灾难的思维习惯的解药。这个练习帮助我们发现很多在当天发生的正面的、为我们提供支持的事情。它把我们的思维引向正面的方向。在每天结束之前练习感激的人,往往发觉自己变得会看到生活中发生的几乎每件事情的好的一面。

结束语

引导不快乐的心境去发现至少一件值得感激的事情。

Week 09
聆听声音

本周练习

　　一天中有几次,停下来只是聆听。360度全方位开启你的听觉,就好像你的耳朵是巨大的雷达接收盘。聆听容易听到的声响以及那些细微的声响——在你身体内的、房间里的、楼里的和外面的声响。全心聆听,就好像你刚刚由其他星球空降地球而不知道各种声响都发自哪里一样。看看你是否可以听到所有的声音,就好似它们是专门为你演奏的音乐一样。

提醒自己

在你家里和工作场所的多处贴上简单的耳朵的图画。

初步发现

我们持续地暴露在声响中,即使是在本应安静的地方,例如图书馆或森林里。我们的耳朵接收着所有的声响,但是我们的大脑却把它们中的大部分阻挡在外,从而使我们可以专注于重要的声音——对话、讲座、电台节目、飞机引擎,或者"是不是有个婴儿哭了"。

研究表明,婴儿可以听到成人听不到的声音。他们的听觉灵敏到可以察觉几乎所有声音发出之后残留的回音。在很早的时候我们就学会了阻挡这些令人困扰的响声。有意思的是,非洲丛林里的居民保存了这种能力,可能因为他们住在非常安静的环境中。婴儿们也可以辨认出他们在出生之前听到过的音乐和声音中富含的旋律特质。

当我们开始认真聆听的时候,一个新的世界向我们开启了。当我们聆听好像来自外星球的音乐那样来听它们的时候,原来那些让我们厌烦的声音开始变得有趣甚至惊人。背景噪声移到前台。我们发现在吃东西的时候我们的嘴里发出很多噪声,尤其在吃脆的食物的时候。邻居家的鼓风机声成了一直存在的各种声音交响乐中的一部分。手提钻属于一种打击乐器。冰箱发出的嗡嗡声融入一系列微妙的高低旋律中。

深入课程

聆听练习是一个有效的令头脑平静的方式。当我们对声音产生兴趣后,我们会想更认真地去聆听。为了可以专心聆听,我们不得不让头脑中的那些声音安静一下。我们不得不要求我们的头脑不要试图去给声响冠名（"乔的旧卡车"）或者谈论它们（"他需要一个新的消声器"），而仅仅是保持警觉和聆听，就好似每个声响我们都是第一次听到一样。事实上，也正是这样，每个声响正是完全新的。

聆听是一个将我们从焦虑的头脑里没完没了的想法中解救出来的有效方法。一旦你发现你的头脑又在自己构造的松鼠笼子里跑圈，赶快停下来，聆听房间里的音乐。当你一整天在电脑前工作而疲惫不堪时，到户外去，在黑暗中开启你的觉知，并且聆听夜晚之歌。

有一个关于声音的著名公案（公案是帮助开启头脑而去直接感受更深层真相的提问），著名的日本禅师白隐吩咐他的学生们去思索这样一个公案："什么是一只手的声音？"如今这个公案已经被琐碎化了（而且被误传为"什么是单手拍掌的声音？"），但是，当你热诚地去思索它时，它就可以开启我们的头脑去做深度聆听。

提炼这条公案的本质，"什么是声音？"或者仅仅是"声音？"。当你的头脑在思绪无尽和扭曲的走廊中渐行渐远时，这个提问会将你带回当下。

结束语

> 即使是在所谓的静谧中也会有声响。只有在头脑非常安静的时候，才可以听到这样细微的声音。

Week 10
电话铃响起的时候

本周练习

每次听到电话铃响起,请你停下手中正在做的事情,有觉知地深呼吸三次,让自己的头脑平静下来再接听电话。(如果你是接待员,或许你需要将此缩短到一两次深呼吸。重点是要暂停下来至少做一次深呼吸再接听电话。)

如果每天你接到的电话都很少,就请每天设定几次闹钟铃声,使用长但是不寻常的时间间隔,例如每53分钟响一次。当闹铃响起时,你就停下来并做深呼吸。

提醒自己

在你每次接电话可以看到的地方贴一张彩色的贴纸或者小纸条，在上面写下"呼吸"的字样。

初步发现

我们是在一大组学生来我们的寺院做静修的时候被启发尝试这个练习的。他们有很强大的通过正念铃声观内心的练习，这些铃声会在一天中不确定的时间响起。每次铃声响起，房间中就会被静谧弥漫。无论人们正在做什么，包括教课、谈话、洗碗、准备食物等，每个人都会在三次呼吸的空档停止说话和动作。

每次铃声响起，人们活动的所有声响都会停止。你可以感觉到房间中的能量平稳下来了，重新归位到更稳定和更专注的点。有人注意到："我看到当正念铃声响起的时候，有两个人本来正在进行激烈的讨论。他们在谈话中途停下来，可以很明显地看到他们的脸也变得柔和了，接着他们对彼此微笑。"

大多数人在电话铃响起的时候会自然而然地、尽可能快地接听电话。要摒弃这个习惯。记得在电话铃响起时停顿和深呼吸在开始时会很困难。在电话铃响起的时候有觉知地呼吸几次是很实用和很有益的练习，尤其当你的工作要求你和不容易相处的人讲话的时候——那些人自己本身承受着很多心理或情感痛苦，并想你帮他们分担一些。这个练习帮助你在和每一位客户、消费者或病人交往的时候都保持清醒的头脑和开放的内心。一位接待员说："我正在学习在电话铃响三声后再接听电话。这给我机会停下我正在想或者做的事情并使自己平静下来。我练习清空自己的头脑，这样我才可以把我的注意力全部给打来电话的人。"

一位急诊室的护士说："我习惯于很快并且持续地工作。一开始我很讨厌正念铃声。例如我在温室除草时，很不喜欢停下手里的工作，即使只是停下来很短的时间。但是接下来我留意到环绕在我身边的甜菜菜的深红色，阳光穿过它们的茎，很美。"若没有留心感受，他将错过这美景。当我们完全沉湎于自己的繁忙时，思索的头脑只是三心二意地留意当下，我们在看但没有真正地看时，我们都将错过美景。

深入课程

这个练习很强大有力，因为它在同一时间给我们的身心带来平静。当我们在动的时候，我们往往也在思考。当我们的身体停下来时，我们正在进行的思考也会在某种细微的程度上被显现出来。觉察到它，我们就可以放开它而在心灵中寻得一份更深的宁静。一位年轻人注意到了这个练习的双重好处：停止活动和谈话帮他缓解了紧张的心理状态；三次正念呼吸帮他释放了身体上的紧张感。

一位女人说这个练习刚开始让她感觉焦虑。她很快意识到那份焦虑和她正在做的练习没有关系，而是一份一直存在的低度焦虑，和其他任何正在发生的事情都没有关系。她因此开始在三次呼吸的时间里，在呼出气的时候念诵一个短语——"希望我可以安适自在"。这个短语帮助她消除了焦虑。

生活的很大一部分都在我们的无觉知和匆忙中流走了。我们赶着去哪里呢？我们总是向前冲，想牢牢抓住下一分钟、下一小时、下一天，而不是全然地活在当下。我们拖着自己的心绪，好像拖着一袋垃圾，从一个邂逅到下一个邂逅。如果我们刚刚结束一通令人不悦的电话，我们很可能对下一个打给我们电话的毫不知情的倒霉鬼发脾气。为了以轻松的心情接听每通电话，而不将不耐烦、焦虑或易怒等情绪带入谈话中，我们需要慢下来。我们听到电话铃声后，停下来呼吸一到三次，释放身体、心灵和头脑中的负担。然后，我们便可以以开放和透明的心态去面对新的打来电话的人以及新的情况。

开始练习的时候，我们用钟声或铃声作为提醒。最终这个习惯会渗透到生活的其他领域。它会成为一种新的存在方式，令我们可以放空头脑，在一天中都能以清新的姿态去面对每个相遇。这是一个非常有用的技能，也是大部分人都没有的技能。它令我们可以放弃旧的、有害的习惯，同时培养新的、健康的习惯。

结束语

在电话铃响起的时候先深呼吸三次，这就好像一个暂停时间，能令我们重振精神。

Week 11
爱抚

本周练习

使用充满爱意的双手及爱抚,即使是对没有生命的事物。

提醒自己

在你经常用的手的一根手指上放一个不寻常的东西。可供选择的东西包括一枚戒指、一枚创可贴、在指甲上点的一滴指甲油或者用彩笔画的一点。每次你看到这个标识，要记得使用你充满爱意的双手和爱抚。

初步发现

当我们做这个练习时，我们很快会觉察到自己或他人没有使用充满爱意的双手。我们会注意到日用品被扔到购物车里，行李被用力丢到传送带上，银器被投掷到箱子里。我们听到金属碗被漫不经心地撂在一起的时候发出的摩擦声，以及我们急着出门时门"砰"的一声被关上的声音。

在我们的寺院里，在公园里除草的人遇到一个特别的难题：在我们把仍有生命的植物连根拔起的时候，我们怎么练习使用温柔的双手呢？我们可不可以尝试着对它敞开心扉，把它轻放到肥料堆里并为它祈祷说它的生命（以及我们的生命）会为其他生命带来好处？

作为一名医学生，我曾经和一些有"手术脾气"的外科医生合作。如果在手术过程中遇到任何困难，他们的反应就好像两岁儿童一样，他们会乱扔昂贵的手术仪器并咒骂护士。我注意到有一位外科医生不同，他在压力下也能保持冷静，而最重要的是，他好像对待珍宝那样对待那些不省人事的病人的细胞。我决定如果我需要做手术，我会坚持由他来为我做。

当我们做这个练习时，正念爱抚会延伸至不仅包括我们触摸其他东西时所有的觉知，也包括我们被触摸时所有的觉知。我们不仅会觉知到自己如何被人的手抚摸,也会觉知到如何被自己的衣服、风、嘴里的食物和饮料、踩在脚下的地板及很多其他事物触摸。

我们知道如何使用温柔的双手和抚摸。我们温柔而小心地抚摸婴儿、忠诚的狗、正在哭的孩子和爱人。为什么我们不在所有时候都用爱抚呢?这就是正念要问的终极问题了。为什么我不能一直这样生活?一旦我们发现自己更安于当下,生活变得更丰盛,为什么我们仍然会跌落回旧习惯中,让自己失去注意力呢?

深入课程

实际上我们一直都在被触摸,只是我们没有留意而已。只有令我们感到不舒服的触摸(例如拖鞋里的石子)或是我们一直期盼的触摸(如你爱的人第一次亲吻我),我们才会留意到。当我们开始打开自己的感官去感受所有触摸所带来的感受,包括我们体内和体外的感受时,我们可能会感到害怕。它可能会令人感到不可抵挡。

通常我们更留意在人身上使用爱抚,而不是在物身上。但是,当我们赶时间或者正在对某人生气时,我们往往只把他看成一件东西。我们匆匆忙忙地出门,都没有和爱的人说再见;我们对一位同事的问候视而不见,只因为前一天我们不能就某件事达成共识。这就是我们如何将人物化,如何将人看成令人讨厌的事物,看成是障碍,最终,看成是敌人。

在日本,物品常常被拟人化。很多我们认为没有生命从而不需要被尊重,更不会爱的东西,在日本都会被尊敬及爱戴。钱会由双手递给收银员,茶勺被赋予人名,坏了的缝衣针会得到一个葬礼,然后被埋葬到软豆腐里安息。代表尊重的"o-"出现在物品的名字之前,比如钱(o-kane)、水(o-mizu)、茶(o-cha),甚至筷子(o-hashi)。这可能来源于日本神道敬重安住于瀑布、大树和山中的神灵的传统，如果水、木和石头被看作是神圣的，那么院子里所有的东西也是神圣的。

　　我的禅师通过示范教给我如何像对待有生命的个体那样对待所有的事物。禅师前角博雄在开信封的时候，即使是垃圾邮件的信封，他都会使用裁纸刀从而使开口整齐，并在将信件取出的时候对其倾注全部的注意力。当他看到人们用脚将冥想坐垫在地上踢来踢去的时候，或者把碟子用力地摔到桌子上时，他就会不高兴。"我能在我的身体里有所感觉。"他曾经说过。虽然现代的很多牧师都使用衣架，但禅师原田正道每晚都会花时间折自己的僧袍，然后将袍子放在他的床垫或者箱子下面"压"平。他每日所穿的僧袍都很平整。由他保管的僧袍有的甚至有几百年的历史了，他好像对待佛祖的僧袍那样对待它们。

　　我们可以想象开悟的人在触摸间所散发的觉知和专注吗？他们需要多么敏感？他们所关注的领域需要多么宽广？

结束语

　　"当你在处理米、水或者任何其他事物的时候，要对它们报以好似父母对孩子的所有感情和关怀。"——道元禅师

Week 12
等待

本周练习

每当你在等待的时候,比如当你在商店里排队,等待迟到的某人,或者等待"请等待"的提示从你的电脑屏幕上消失时,可以利用这个机会去练习正念、冥想。

在等待的时候有几个不错的正念练习可以被用到。一个是正念呼吸练习,先深呼吸几次来驱赶因为等待和正等待的人可能迟到而给身体带来的紧张感。在你的身体上找到你最能感知到自己的呼吸的那个部位——鼻孔、胸或者腹部,并把你的注意力放到那个身体部位,注意它是如何时刻都在发生变化的。

另一个在等待时有用的练习是聆听声响,打开和发散你的听觉而把整个房间的声响都收入耳中。还有一些很好的练习,包括对身体慈悲(Week 51)和在呼气的时候放松:每次你呼出气,注意任何在身体里存在的紧张感,包括在眼睛或嘴周围、肩膀或腹部周围的紧张感,并且放松。

当你注意到自己因为需要"等待"而觉得厌烦时,你就提醒你自己:"这样很好!我刚好有了一些额外的时间来做正念练习。"

提醒自己

在你每天用来看时间的物件上，例如你的手表上、你车里的钟表上或者你的手机上，贴一个小的标签或者贴一条胶纸，在上面写下"等待"字样。同时也贴一个这样的等待标签在你的电脑屏幕或者鼠标上。

初步发现

我是在刚开始练习冥想的时候发现这个练习的，那个时候我在一家繁忙的医院实习，每周工作 72 个小时，几乎都没有时间去卫生间。某天两位禅师来医院看我。我急匆匆地赶到接待室，不停地低声为让他们等太久而道歉。"没关系，"他们中的一人说，"这给我们更多的时间来打坐。"哦，太好了！

这个练习回答了以下这个问题："我——一个非常忙的人，如何才能找到时间做正念练习？"我们不需要找出太长的整段时间来做正念练习（当然，即使你这样做也不会有任何坏处），一天中可以被你用来练习活在当下的机会总是不时地呈现。

当我们不得不等待，例如塞车的时候，我们的直觉是要做一些事情去分散自己的注意力，打发时间。我们打开收音机，给别人打电话或发短信，或者仅仅是坐着生闷气。在等待的时候做正念练习可以帮助人们在一天中找到很多小段的时间去将往往是藏于复杂生命背后的觉知和感受挖掘出来。等待，这件普通并往往带来负面情绪的事，可被转化为一份礼物——空余时间用来练习正念。头脑将有双份收获：第一，抛弃负面心态；第二，将哪怕是几分钟的正念练习融入每日生活中而从中获益。

… Week 12　等待

我最初的"等待"练习老师是我那极具耐心的父亲：在星期天的早上，他会穿好西服，系好领带，然后到他的车里读周日的报纸。同时，他的妻子和三个女儿会一个接一个地坐到车里来，接着她们会回房子几次，去拿手套、账簿、口红、没有洞的袜子、电池、书等等。只有当所有的进进出出和开门关门都停歇了，他才抬起头来，慢慢悠悠地合上报纸，启动汽车引擎。

深入课程

当你在做这项练习的时候，你会学会更早地觉知到由负面情绪带来的身体变化，这里的负面情绪包括由于需要等待而带来的不耐烦的感觉，或者对在收银台队列里站在我们前面的那个"傻子"生气。每次，当我们可以停下来阻止负面情绪生成的时候（例如因为堵车而气恼，或者对动作缓慢的收银员生气），我们就是在清除一份习惯性的，同时也是不健康的身心反应。如果我们不让自己思绪的马车每次都习惯性地跑入那道相同的深深的车辙里，驶下同一座山脉，跌入同一块沼泽，慢慢地，那道车辙本身也会被填满。最后，我们因为等待而着急或气恼的习惯会瓦解。这需要时间，但却是可以做到的。而且，绝对值得，因为我们周围的所有人都会受益。

我们中的很多人都认为个人价值需要通过工作效率来衡量。如果我今天没有完成任何事情——如果我没有写一本书、做一个演讲、烤面包、赚钱、卖东西、买东西、在考试中得到好成绩或者找到自己的精神伴侣，那么，我的这一天就浪费了，我自己也是一个失败的人。我们觉得只是花时间"做自己"，只是"活在当下"没有任何可称道之处。也正因此，"等待"成为一个带来焦虑的源头。想想在这段时间里我本来可以做的那些事！

然而，如果你问问那些你关心的人，他们最想从你这里得到什么，他们的答案很可能是他们想要"你在那里"，或者你的"充满爱意的关注"。当你只是在那里时，可能你的存在或陪伴不会带来可衡量的具体的结果，但是却会带来正面感受、被支持的感受、亲密和幸福。当我们不再总是很繁忙或者追求效率，而是变得平静且有觉知时，我们自己也会感到被支持、亲密和幸福，即使并没有人在我们身边。这些正面感受是人们都想要但是却买不到的"产物"。它们是"活在当下"所带来的自然结果。它们是我们生来就有，但是却被我们忘记了的权利。

结束语

当你需要等待的时候，别厌烦；你应为有多余的时间来做"活在当下"的练习而感到高兴。

Week 13
与媒体绝缘

本周练习

在一个星期的时间里,别接触任何媒体的信息,包括新闻媒体、社交媒体和娱乐媒体。别听广播、音乐播放器或者唱片;别看电视、电影或者视频;别读报纸、书或者杂志(无论是网络版本还是纸质版本)。别上网,也别浏览社交网站,例如微博和微信朋友圈。

如果有人告诉你新闻中报道的事情,你也不需要把耳朵塞起来,但是也要确保不被拉入关于那条新闻的对话中。如果其他人坚持和你讨论,你便告诉他你正在进行的"与媒体绝缘"练习。当然,你可以做和工作或学习相关的必要的阅读。

不接触媒体,那做些什么呢?这个正念练习的一部分是要发现除了被媒体信息吞没外,你还有其他什么选择。暗示:做一些需要用到你的双手或身体的事。

提醒自己

用床单盖住电视机，或者在你的车载收音机和电脑屏幕上放一个牌子提醒自己："这个星期没有新闻或娱乐。"将杂志放在那里别管它们。当收到你订的报纸的时候，考虑直接把它们扔到回收箱里。度假的时候你就会这么做，为什么现在不呢？

初步发现

我为一个被很普遍的问题困扰的学生发明了这个练习——他被持续、低强度的焦虑困扰。在一个六天长的安静修行练习结束的时候，他和我分享了平静的心绪带给他的幸福快乐的感觉。但仅仅是一个小时之后，在吃午饭的时候，我听到他像往常一样抱怨这个世界的现状有多糟糕。作为一个在纽约长大并且自己都承认的"新闻垃圾桶"，他极不情愿地进行了一次与媒体绝缘的练习。

他发现在起床的时候以及在清早打坐的时候，他的心情都还不错。但是一旦打坐结束，他旧有的习惯是买杯咖啡并且打开电视看早间新闻，"这样我可以看看那些混蛋现在又在搞些什么"。在与媒体绝缘的日子里，他发现即使他不知道最近的新闻，也没什么大不了，无论是在家里还是在工作中。而他自己也得以体验一种更平静的心态，就像他耐心的妻子那样。

学生在这个练习中会遇到的一个困难是要找到一件他们在原本花费在关注媒体的时间里可以做的事情。你可以打坐、散步、和你的家人做游戏、从头开始做些吃的东西、为花园除草、摄影、做艺术品、学一门新语言或一件乐器，或者仅仅是坐在门廊那里放松。

你可能会发现不知道最新的消息让你觉得无力、懒惰或者愚蠢。人们问我:"如果有重要的事情发生怎么办,比如火灾或者恐怖袭击?"我说:"别担心,如果是那么重要的消息,肯定会有人告诉你的。"

深入课程

在人类历史的第一个 20 万年里,我们只能得知关于自己身边最亲近的人以及我们所在部落和村庄的消息(和他们的遭遇)。我们也会看到出生、生病、死亡和战争,但是却是在有限的范围内。仅仅是从差不多过去这 40 多年开始,新闻媒体开始把全世界的苦难,包括战争、自然灾害、苦难、饥饿等,每天倾倒于我们的耳朵里和眼睛里。这些我们无力改变的遭遇在我们的身心和头脑中堆积,并让我们也跟着受苦。当身心被暴力、毁灭和痛苦的画面填满时,我们必须花时间去清扫自己的内心。

与媒体绝缘就是一种方法(一段安静正念练习甚至更好)。

以帮助创伤受害者为工作的人们会遭遇"二次伤害"。他们也会被最初的创伤影响到,即使他们只是听到而并没有亲身经历。从电视和晚间新闻被发明以后,我们所有人都在某种程度上遭遇了"二次伤害",这源于逼真的画面无时无刻不从屏幕上涌入我们的头脑里——杀人、种族灭绝、地震和会造成死亡的流行病侵袭的画面。没完没了的轰炸让我们长期焦虑,并令我们痛苦。这个世界是有缺陷的,上百万无辜的人在受苦,而我们做不了什么来改变这种状况。

如果可以减少对这些有害的画面的摄入,我们就可以更容易地保有一颗更开放的心灵和平静清晰的头脑。如果我们想投入这个有苦难的世界并使其作出有益的改变,这将是我们能拥有的最好的基础。

结束语

不停地摄入负面新闻会使头脑生病。我们需要给予头脑安静、美和忠诚的友谊这些良药。

Week 14
充满爱意的眼神

本周练习

这一周,努力用充满爱意的眼神来看人和物。注意在你眼中、脸上、身体里、心里、视觉空间里发生的任何变化。当你记起要用充满爱意的眼神来看的时候,你要保持专注。

提醒自己

找到或者自制一些眼睛的图案，或许可以是一双带有爱心的眼睛图案。把这些贴在房子里的不同地方，例如卫生间的镜子上、冰箱上、门后。

初步发现

当我们看我们爱上的人和事物时，我们知道如何运用充满爱意的眼神，例如在我们看新生儿或者可爱的动物时。为什么我们不更多地使用充满爱意的眼神呢？做这个练习的时候，我们会发现自己通常所用的看事物的方式并无爱意可言。它往往是中立或者负面及批判的。我们走进一个房间，最先注意到的是需要被吸尘的地毯。或者，当我们在早上和家人打招呼时，我们并不会停下来并充满爱意地注视他们，而仅仅是匆忙走过，避开彼此的眼神，并说一些例如"在你的面颊上有一些牙膏"或者"这就是你今天要穿的衣服吗"这样的话。

我们可能是爱彼此的，但我们忘了通过眼神去表达。人们总是觉得不直接的沟通，例如通过电话或电子邮件沟通，令人感觉更舒服，而且，奇怪的是，他们也觉得不直接的沟通让彼此感觉更亲密。我听过一个十几岁的少年说，如果他有任何很难和女朋友讲的事情，他更愿意发短信给她并等她的短信回复，而不愿意和她面对面交谈。他说："有的时候面对面交谈很难。我们是想要亲近的，但是这也会让我们感觉不舒服。"（是不是正是因为如此，在打坐的时候我们的头脑才会不时地在当下分神？这是不是因为当下有了太多对当下的关注？）

当人们试图用充满爱意的眼神看这个世界时，他们会觉得自己看到的人和事物都不同了。他们的专注点往往变得更清晰，他们会注意到微小的细节，就好像他们正在用放大镜观察一样。有些人的感受相反，他们觉得自己的视觉变得更温柔并有些模糊了。视觉范围也可能变化，变得更狭窄或更宽广。使用充满爱意的眼神会使整个脸部线条变得更柔和，并将一抹微笑挂在嘴唇上。心灵和头脑都会更开放，批判的想法会融化掉。

深入课程

我们使用一系列不同的"眼神"，从生气的眼神，到批判的眼神，再到客观冷淡的眼神；由有私人感情色彩的眼神，到亲切善良的眼神，再到充满爱意的眼神。我们所选择的眼神也会影响我们对世界的认知，从充满敌意发展到友好。我们所看的人对我们看他们时所用的眼神非常敏感。我们所选择的眼神会对我们自己的幸福感以及我们所看的人的幸福感产生影响。了解自己，就是了解自己正在用怎样的眼神来看，同时有技巧地使用各种眼神。

佛教教义中表述了5种眼睛。第一种是人类的眼睛。这个"眼睛"令我们观察到一个持续的被我们认为是完整和真实的世界，即使事实上，人眼所能观察到的可见光范围只是整个电磁光谱中很窄的一部分。昆虫和其他动物可以看到我们看不到的光和自然模式。第二种"眼睛"是神眼，它向下看，好似在天堂里一样；它能看到处于芸芸众生中的人类。有的时候我们会通过第二种眼睛来看，例如，当我们打坐的时候，或者当我们通过望远镜去看时，这让我们得以略见在宇宙中我们真实的位置，我们可以看到在广博的时间和变化中一个微小和短暂的闪现。

第三种"眼睛"被称为智慧之眼。如果我们能看到组成我们的"自我"的分子，我们会看到自己实际上是在空间里跳跃的能量，被其他临时组成的能量簇所包围，在一个没有开始或结束的空间里。当我们能够在打坐中令自己的头脑安静，并向内去寻找一个"自我"的直接证明时，我们能找到的仅仅是一些零星的感觉而已——温暖和寒冷，压力，移动感（这其实是一组感觉，它们看上去是有顺序地先后发生的），再加上在头脑中发生的，被我们称为"想法"的感觉，以及在身体里发生的，被我们称为"情绪"的感觉。当想法停止，哪怕只是短暂地，将各种感觉联系在一起的"胶水"就失效了，我们便会看到"自我"的本来面目——漂浮在空间里的各种各样的感觉。

第四种"眼睛"被称为法眼。它看到各种现象从"空"中升起，每种现象都是独一无二的、珍贵的；它们存在一段时间，然后再次瓦解。通过这种眼睛看的人被称为圣人或者佛陀，他们是对毫无必要受苦的众生有怜悯之心并受触动去帮助众生的人。

第五种"眼睛"是佛眼。它是其他所有"眼睛"的综合体，并被发展到更高的层次，完全超出我们的想象。

当我们练习使用充满爱意的眼神时，我们隐约领略到通过第四种眼睛，即法眼看世界会是怎样的感受。用充满爱意的眼神来看并不是一个单方向的体验，它也并不仅仅是一个视觉体验。当我们用充满爱意的眼神来看某件事物时，我们便是从自己这里贡献出一份温暖，但我们可能也会惊奇地感到这份温暖被回馈给了我们。我们开始想知道：是不是世间的每件事物都是由爱构成的呢？是不是我们一直都在阻止爱进来？

结束语

充满爱意的眼神能创造一个充满爱的宇宙。

Week 15
秘密的善行

本周练习

　　一个星期中的每一天，做一件善事并保密。为别人做一件善良的或者他们需要的事情，但是匿名而做。所做的可以是很简单的事，例如把别人留在水池里的盘子洗了，拾起路边的垃圾，打扫浴室的洗手盆（当不该你做的时候），匿名捐款，或者在同事的桌子上放一块巧克力。

提醒自己

在你的床头柜上放一个笔记本，每晚用它来写下第二天要做的匿名善行的计划。你也可以在家里或办公室里重要的地方贴小精灵的图案来提醒自己。

初步发现

计划及做好事并保密这个练习不可思议地有意思。一旦你热忱地投入这个练习中，你会开始在周围寻找更多的新点子，而成功的可能性也会成倍增加。"哦，明天我可以放一杯热茶在她的桌子上，或者我可以把他放在门廊里的鞋子上的泥土清除干净。"你就好像成了一位叫"秘密美德"的超级英雄——在夜晚偷偷地出来做好事。在这里，你会有试图不被抓到而带来的兴奋感，你也可能因为没有被发现和不能承认而感到些许失望。更有趣的是，当别人因为我们做的好事而感谢时，我们仍要保持沉默。

所有的宗教都推崇慷慨。《圣经》中说："施比受更有福。"在伊斯兰教中，有两种慈善：义务的给予，帮助穷人和失去家的人；自愿的给予，利于贡献自己的天赋或智慧。义务的给予净化了我们。不留姓名的自愿给予被认为比公开的赠予要有价值70倍。

我最喜欢的练习之一是"驾驶经过慈悲观"（Metta，是巴利语里面的一个词，有"慈悲"或"无条件的友善"的含义。它也指培养这种资质的练习）。当我开车去上班的时候，每经过一个人，包括行人、骑自行车的人，尤其是赶时间的不礼貌的司机，我都会在呼出气的时候默念："希望你能不再焦虑。希望你能放松下来。"我不知道这个秘密的练习是否能帮到他们，但确实帮到我了。我在做这个练习的日子里往往过得很快活、很轻松。

深入课程

我们的性格往往会使我们想通过各种策略让自己得到别人的喜欢和照顾，得到我们想要的，并确保自己的安全。我们在得到正面认同的时候感觉温暖，因为这代表爱、成功和有安全感。这帮助我们认识到在得不到认同和感谢的时候，自己有多么愿意付出努力去为他人做好事。禅修练习强调的是"勇往直前"——以直接的方式过我们所知道的好的生活，而不被批评或表扬所累。

一位僧人曾经问中国禅师慧海："禅修的法门是什么？"（这里的法门既代表入门，也代表支柱。）慧海回答："完全地给予。"

佛陀说："如果人们像我一样知道分享的益处，他们不会只享用自己的东西而不分享，他们也不会让吝啬占据自己的心灵。即使那是他们所拥有的仅剩的一点，哪怕是最后一口食物，他们也不会在有人可以分享的时候不分享而独自食用。"

佛陀不停地讲解慷慨的价值，称它为开悟的最有效的方法。他建议人们赠予他人简单的礼物，如可以饮用的纯净水、食物、帐篷、衣服、交通工具、灯、花。即使穷人也可以慷慨，他们可以分一点自己的食物给蚂蚁。每当我们给出一些东西，无论是物质的东西还是我们的时间（它确实是"我们的"吗？），我们便放开了一些被自己紧紧抓住和激烈维护的，这个被称为"我，我的"的暂时性存在。

结束语

慷慨是最高级的美德；匿名赠予是最高级的慷慨。

Week 16
呼吸三次

本周练习

在一天中尽可能多次让头脑短暂地休息。在三次呼吸的时间里，要求内在声音安静下来。这就好像将内在的收音机或者电视机关上几分钟。然后，开启你所有的感官并且保持觉知——对颜色、声音、触觉和味觉保持觉知。

提醒自己

在你的周围环境中贴上写有"3"的纸条。你也可以在纸条上画一个人,人的脑袋上方画一个空白的对话框,代表思维空白。将闹钟或者手机设定为在一天中不确定的时刻响起作为提醒也可能会有帮助。

初步发现

当人们刚开始做冥想练习或者沉思练习的时候,他们会感到从纷乱的思绪中解放出来的轻松。他们感觉快乐。而当他们的专注程度加深时,他们却会沮丧地发觉自己的头脑好像多动的两岁儿童,连坐定、在当下平静休息几分钟都做不到。它整天都繁忙无比。它会回到过去,重新经历过去的快乐或伤害。它会飞奔到未来,做几百项计划。它会逃避到幻想里,创造想象出来的世界来满足自己的愿望。新的冥想练习者也会发现自己的内在声音——不停地讲述、比较、批评或者找理由。往往在这个阶段,人们会坦白地说他们在考虑停止冥想练习。他们的头脑感觉比之前更吵闹了!但一旦他们的头脑在练习中开小差,他们心中又会充满自责。他们不但没有长进,而且看上去还退步了。

这就好像头脑只愿意玩在短时间内保持安静的游戏。当它意识到我们很认真地想让它平静,以及我们可以在没有它的指导下存在一段时间时,它会开始恐慌,并开始像在笼子里的松鼠一样转来转去。头脑进入了自我保护的模式,它试图找到麻烦的根源,评判他人,批评自己。当这些负面的想法和情绪将头脑填满时,它可以破坏和最终毁掉正念练习。

简单的三次呼吸的练习可以对此有所缓解。它可以打破这种每况愈下的局面，并且为我们的练习注入新的活力。我们让头脑在三次呼吸的时间里休息一下，完全地安静下来。因为我们不用数三次呼吸，我们可以完全享受这个过程。当三次呼吸完成了，让头脑放松一下，然后让它再次在三次呼吸的时间里完全集中注意力。当头脑越来越专注于当下时，它会很自然地平静下来。接着，不用任何特别的努力，我们可以在更多次呼吸的时间里安于当下。这个数字会慢慢变大，直到我们可以在放松的、开放的觉知里打坐。

深入课程

即使在晚上，我们的头脑也不休息。它创造梦境，并且处理白天发生的而我们还没有完全消化的事件。所有的这些头脑活动，所有的选择和可能性，都令人困扰和疲惫。就好像身体需要定期的休息，头脑也需要。

让头脑在完全的平静和纯粹的觉知中休息，是为了让它返回到自己最本初的自然状态。这个练习帮我们打破强迫性思维的习惯。我们不需要头脑不停陈述生活中所发生的事件；我们不需要头脑对我们遇到的每个人或每件事都做出评价。这种陈述和评价令我们不能直接经历生活本身。

头脑有两项功能——思考和觉知。当我们是新生儿的时候，我们的头脑中并没有词汇。我们活在纯粹的觉知中。当我们学习说话后，词汇开始充满我们的头脑和嘴巴。我两岁的孙女每天都在不停讲话，只是为了练习说话这个新技能，她也因此得以沐浴在周围成年人的微笑和表扬中。学习说话是成长中重要的一步，但也是一个不停歇地说话的头脑的首要工作。内在对话占用能量，只有在我们关闭头脑的思考功能而开启它的觉知功能时，它才能真正地得到休息。通常，我们总是等到有至少 30 分钟来打坐或祷告时才会这样做。而实际上，在一天中我们也可以注入这些让头脑休息的小时刻。当我们的头脑确实在休息时，即使只在三次呼吸这样长的时间里，它也会变得精神而清晰。

佛陀将不被束缚的头脑比作野象。在疯跑中，野象的体力被耗尽了。为了保存它的体力，我们必须把它拴在桩上。这和我们通过呼吸来让头脑休息是同样的道理——我们教给大象的是让它站在原地。我们教给头脑的是让它放空自己，做好准备，机警但放松，等待去发现接下来将会发生什么。

当头脑从高效率"产出"状态切换到"接收"状态时，我们就回到了婴儿时期纯觉知的状态，从而可以重新和那个无限的本源连接。那之后，这个重新焕发活力的头脑会发问："为什么我们不经常这么做？"

结束语

健康处方：在三次呼吸的时间里让头脑安静。有需要的时候重复这个练习。

Week 17
进入新的空间

本周练习

我们给这个练习的速记短语是"门的正念",但它实际上包含了当你在任何转换空间的时刻,当你从任何一个空间进入另一个空间时,都保持正念。当你穿过一扇门的时候,停一下,哪怕只是一秒钟,并呼吸一次。对你在新空间里感到的不同保持觉知。

这个练习的一部分是在进入一个新空间时留意自己是如何关上门的。在进入一个新空间时,我们往往即刻进入而忘记关门或者让门"砰"的一声关闭。

Week 17　进入新的空间

提醒自己

在家中你经常会经过的门上贴上醒目的标签，例如一颗大星星。同时也别忘了衣柜、车库、棚子、地下室和办公室的门。或者你也可以在你经常用来开门的手背上画一个大号的"门"的图案。

初步发现

如果一开始你做这个练习不成功，别沮丧。这个是这些年来我们做过的最难的练习了。你会发现下面这个情景经常发生：在即将走到一扇门前时，你一直默默提醒自己，"门。门。保持正念……在通过……的时候……"，然后，忽然你发现自己已经站在了门的另一边，完全不记得自己是如何穿过那扇门的。在一年中的一两个星期里做了这个练习之后，我们才有进步，最终可以在进入新空间的时候保持正念，即使新旧空间之间并没有一个具体的屏障，例如一扇门，来分隔着。

空间与空间之间的不同，在你从室内走到室外的时候最明显。气温、空气质量、气味、光线、声音甚至感觉等等方面的变化都会很清晰。通过练习，渐渐地，我们也会对每日穿行的室内各空间之间所存在的这些变化保持觉知，即使这样的变化更加细微。

一个人曾经用计数器来计算自己一天中经过的门——竟有240多扇！这是很多可以用来练习正念的时刻。这个练习也可以利用你的创造力并生发出其他新的练习。例如，有一个人开始练习对自己头脑中思维的"门"的开与合保持觉知，觉察到在自己的头脑中一个想法的完结以及下一个想法的开始；另一个人一直都习惯用力摔门，现在他会特别注意轻轻关门；还有一个人，当她进入一个新空间的时候，会特别提醒自己保持自己的头脑和这个新空间一样开阔。

深入课程

  我们中的很多人,包括我自己,经过很多个星期重复的练习,才只能对我们穿过的所有门的一半保持觉知。当有人在昏暗的走廊里,把一大块透明的有机玻璃挂在经常我们用到的门前的时候,我们才有所进步——我们都曾经撞到那块玻璃上,甚至当初将这块玻璃挂上的人,也不能幸免!头上被撞几次在提醒人们保持正念方面创造了奇迹。

  我们也想过为什么这个练习那么富有挑战性。有一个人提出这样的见解:当我们走向一扇门的时候,我们的思维已经跑到未来那一刻去了,我们专注的是穿过那扇门后在另一个空间里我们要做的事情。这个头脑中的活动并不明显。它需要我们很认真地观察才能觉知到。它令我们在当下的这一刻处于短暂的无觉知的状态。这个无觉知或潜意识的状态却足够使我们打开门并安全地走过去。

  通过这个例子,我们也可以理解在一天中的很多时刻,我们是如何好像夜游神一样,在好似做梦的状态下行走在这个世界上。这种潜意识的状态是生活不满意的一个根源——持续的、认为有什么事情不对劲的感觉,好似在我们本身和正在发生的事情之间存在空隙。当我们学习越来越多地活在当下时,渐渐地,这个空隙会消失,生活会变得更生动和更令人满意。

结束语

  感激你所处的每个物理空间以及每个心理空间。

Week 18
留心树木

本周练习

  在这个星期，留心你身边的树木。树木有很多方面可以留意，例如它们不同的形状（粗或细，整齐度，茂盛度），不同的高度，枝丫伸展的模式，以及叶子的颜色和形状，等等。别让头脑开始分析；只要注意和欣赏这些树木就好了。（如果你住的地方没有树，你可以换作关注仙人掌、灌木丛或者草地。）

  观察树木的好时机是当你在驾驶或散步的时候，或者当你向窗户外望的时候。如果你有机会，在公园、森林或街边的树丛中穿过。近距离地观察树叶和树皮。记得树木是在呼吸的。我们吸入它们所呼出的（氧气）；它们吸入我们所呼出的（二氧化碳）。

提醒自己

在你的汽车仪表盘上和你经常会向外看的窗户上，贴上树木的小照片。

初步发现

树木很容易就成了我们生活中不被注意的"墙纸的一部分"。我们把它们的存在当作理所当然而不再清晰地去看它们的独特之处。一旦开始主动去看，我们会发现树木无处不在，而它们的形状是复杂多样的。在经过它们的时候我们注意到树和其他植物所有的深浅不一的绿色，这本身就是很好的一项正念练习。画家们除了看到树干的棕色，还看到很多其他的颜色，比如紫色和橘红色。

我们注意到树如何跟随季节更替而变化：春天里小小新叶娇嫩迷蒙的黄绿色；秋天的黄色、橘红色和红色；在冬天，我们看到光秃秃的树干，枝丫伸展出各种形状；在夏天，我们看到鸟巢或者掩藏在簇簇树叶中的、由叶子搭成的松鼠的窝。我们变得好奇，并学习各种树木的名字。

在我们寺院的森林里，有一棵巨大的、差不多两百岁的大叶枫树。它被称为"大厦枫树"，因为它是蕨类、花栗鼠、蜈蚣等几千种生物的家。我们能想象在它的一生中，都有哪些生灵从它身边走过——山猫、鼯鼱、鹿、美洲印第安人、芬兰农民和穿着袍子的禅僧。

为了重建我们和树的连接，每年夏天，我们都会在寺院里组织一次为期一周的安静冥想练习。在这个活动中，每个人在森林中认领一棵自己的树，然后无论白天、黑夜都坐在树下，和这棵树待在一起。

每个人都从和这些小树的交流中学到些重要的东西。每当我烦心于一个难解的心理问题时，我都会走入森林深处，靠着一棵树坐下。我令自己的觉知和树的觉知融合，令我的想象力从深深根植于湿润泥土中的树根下，伸展至飘拂于风中的树顶的树叶末端。然后，我会询问树对我当下所处的困境有何见解。它总是会帮到我。

深入课程

对我们与树木和绿植之间所存在的连续的、彼此供养呼吸的关系保持正念可以令我们对自己与世界万物之间的联系保持清醒的觉知。除非我们本身是植物学家或者树艺师，否则我们很容易就会停止关注这些既有益又无处不在的陪伴。如果一个生灵不能通过噪声、移动、神情进入我们的眼睛，或者因为危险而引起我们的注意，我们往往会停止对它的关注。如果树木消失了，马上就会引起我们的关注，因为我们都将变得体温过热，生病，死亡。一棵年幼的树木即可达到用于10台房间的空调所能达到的降温效果。树木跟随我们工作，吸入我们呼吸出来的二氧化碳并释放出氧气。一英亩的树木一年会制造4吨的氧气，足够18个人舒畅地呼吸。

一些研究已表明观看有树木存在的自然景观几分钟，甚至只是看树的照片，就可以令我们血压降低、肌肉放松，还可以降低恐惧和愤怒的程度，减少疼痛，缓解焦虑，缩短术后恢复的时间。我们人类和树木及植物息息相关一起进化了20万年。仅仅是在过去几十年，大多数人才开始生活、工作、乘车上下班——事实上，整日生活在封闭的空间里。当我们失去与自然本身所具有的滋养与治愈能力的联系时，受苦的是我们。

一位植物学家有一次来到寺院教我们关于身边各种植物的知识。

当他绕着寺院走时,他不停地开心地大叫:"哦,好大的越橘丛林啊!""哦!我从没见过那么大片的黄木紫罗兰。"我意识到无论这个人去哪里,他的内在体验都好似身处欢迎他的朋友之间。他从来都不是孤单的,永远和给他带来愉悦的生灵们在一起。我想象观鸟者们应该有着相同的体验,那就是,他们从来都不缺少可爱的陪伴者。

这个练习,开启我们对所有身边生灵的觉知,可以成为当下盛行的、困扰我们很多人的孤独感的解药。即使在城市里,动物、鸟儿、植物和昆虫也围绕着我们。在我们体内,有上十亿的生物存在,大多都是有益的。它们的生命和我们紧密相关,它们是我们的健康所必需的,我们也是它们所必需的。当我们的头脑紧锁、被困于对"我,我的"的焦虑中时,我们便会制造孤独。当我们开启对所有与我们相联系的生灵的觉知时,我们的孤独便融化了。

结束语

请记住,你总是被不可计数的生灵所支持着,包括树木。你从来都不是孤单的。

Week 19
让你的手休息

本周练习

　　一天中让你的双手完全放松几次。至少在几秒钟的时间里，让它们完全静止。这样做的方法之一是将它们放在你的膝盖上，然后将你的觉知专注于安静的双手的微妙感觉。

提醒自己

反方向戴手表。如果你不戴手表,系一条绳子或一根橡皮筋在你的手腕上。

初步发现

双手总是忙碌的。如果它们不是忙碌的,它们也是处于紧张状态,时刻等着开始工作。

双手透露出我们头脑的轻松或者不适。很多人有下意识的紧张的手势,例如摩擦或拧转他们的双手、摸脸、敲手指、折指甲、按压关节使它噼啪作响或者旋转大拇指。当人们刚开始学习冥想时,人们往往很难保持双手静止。人们可能会不停地变换双手的位置,而且,一旦哪里有一点痒的感觉,双手马上会伸过去搔痒。

当我们放松双手后,全身的其他部位,甚至头脑,都会放松。放松双手是令头脑安静的一个途径。我们也发现当双手安静地待在我们的膝盖上时,我们能更专注地聆听。

当我做这个练习的时候,我发现我在开车时,双手很紧地抓着方向盘。现在我可以觉察到这个下意识的习惯,并且放松紧抓着方向盘的双手。我发觉即使我轻轻地抓住方向盘,也可以安全驾驶。当我放松抓着方向盘的双手时,我往往会发现十分钟之后它们又会回到其所习惯的紧握姿势。这就是为什么我们称这些为正念"练习"。我们必须要一次一次地重复才能真正地变得觉知。我们着手做这些练习,然后会逆转回我们无意识的习惯,接着我们再次回到觉知状态,重新开始练习,循环往复。

深入课程

身体和头脑是一起工作的。当我们让头脑放松时，身体也会放松。当身体是静止的时候，头脑也能平静下来。两者的健康水平都会得到提升。

对于生活中的大部分任务来说，紧张都不是必需的。那完全是浪费精力。有一个冥想练习叫作"身体扫描"，它可以先帮我们发现游荡于身体中的无意识的紧张，再帮我们软化、驱逐它。它是这样运作的：你安静地坐好，从身体顶部开始，每次将注意力专注于身体的一个部位。头发和头皮传递来的是怎样的感觉呢？一旦你对这些感觉保持觉知，尝试去注意是否有任何其他僵持或者紧张的感觉存在。如果有，试图随着你呼气温柔地软化或者释放它们。接下来，将注意力向下移动到额头并做相同的练习，接着再移动到眼睛，以此类推，每次专注于一个身体部位。如此就能发现身体在无意识中承载了多少紧张，以及都是承载在哪些身体部位里。这是很有趣的一件事情。

总的来说，我们以两种模式中的一种生活。在晚上，我们躺下、放松和睡觉。当闹钟响起时，我们起床，转换到白天所用的模式，坚挺、紧张、机警。在我们忙碌的生活中，没有多少时候我们是既机警又放松的。（不幸的是，有些时候，即使我们已经躺下了，我们也并不感到放松或者可以安睡。相反，我们思前想后，焦虑，翻来覆去，不能入眠。）

既机警、清醒，又放松，或许是我们在度假的时候才能感受的状态。我们比平日醒得晚，得到了充足的休息，还能在床上多躺一会儿，什么都不用想，也没有什么需要赶着完成。我们听到鸟鸣和收垃圾的人的声响，但是身体或头脑都不紧张。我母亲过去称此为

"中间时刻,供我用来考虑重大事件的最好的时刻"。这是对的,这是最好的时间,因为没有被为"我,我的"的生存之焦虑而侵扰占据的头脑才可以更深入地思索重要的事情。冥想的时候,我们有意识地加深这个中间状态。我们有意识地在需要保持紧张机警的时候放松。刚开始这样做并不容易。我们担心我们的冥想不是完美的,担心我们不会开悟。我们的肩膀开始因为紧张而疼痛。或者我们反倒进入昏昏沉沉的状态,放松并且差不多要跌倒了,直到一个噪声使我们清醒。我们需要时间去找到平衡。

结束语

记得放松双手,同时放松的还有身体和头脑。

Week 20
说"是"

本周练习

在这个练习中,我们对所有人和所有发生的事说"是"。当你觉察到你有表达分歧的冲动时,你要考虑那是否真的有必要。你是否可以只是点头,甚至保持沉默但仍然是愉悦的?在所有不会给你或其他人带来任何危险的时刻,对别人以及对你生活中正在发生的事表示赞同。

提醒自己

将写了"是"字样的贴纸粘在家里和办公室你可以看到的地方。在你的手背上写上"是",这样你可以经常看到它。

初步发现

这项任务帮助我们看到我们是多么经常地采取负面或者对立的立场。如果我们能在别人和我们谈话的时候观察我们的头脑,尤其是在他们叫我们做一些事情的时候,我们就可以觉察到自己的思想构建起了防御和相反的观点。当话题不重要的时候,我们是否可以抑制想要在语言上反对的欲望呢?我们是否可以在某一天觉察自己对事物所持有的思想和身体上的反应和态度?我们自动产生的想法是不是"哦,不"?

我们习惯性地表达反对立场的方式为:思想("我不同意他所说的")、身体语言(紧张的肌肉、交叉的手臂)、语言("那是一个很笨的想法")或者行动(摇头、翻白眼、忽略正在谈话的人)。

从事某些职业的人说他们做这项练习有困难。比如律师,他们被训练从合同中挑错,或者从证人及其他律师所说的话中挑错。搞学术的人被训练批评彼此的理论和研究。工作中的成功可能取决于有一个"攻击头脑",但是若你每天都在培养这种头脑,回到家的时候,你将很难将"它"关闭。

在做这个练习的时候,有人发现他对外所说的"是"可能跟他内在真正感到的"不"的态度不符,因而这个练习能帮他觉察到他那狭隘紧张的心态。还有人发觉在回应要求的时候他总是会权衡其他因素,也就是所有其他他不得不做的事情。他发觉说"是"是一件很自由的事,令他放弃所有做决定所需的内在挣扎。他感到自己很慷慨。也有人说说"是"积累了安适自在的经验，令自己跟着来到其办公室的人的节奏来应对，而不是抵触他们。这个练习可以根据环境而调整。当你的孩子想在家具上跳的时候，你可以在内心里保持这个"是"的态度，同时将他们的精力引到操场上的运动中来。

深入课程

头脑有三个毒药——贪心、厌恶和无知。我们为那些特别受厌恶之心困扰的学生设计了这个练习，这些学生习惯性地抵触对他们所提出的任何要求以及伴随生活进程所发生的事。别人对他们所提出的任何要求，他们最初的、下意识的回应往往是说"不"，他们通过肢体语言或者直接大声地表达出来。有时候说"不"通过"可以，但是……"的形式表达出来；有时候，"不"隐藏在讲理的说辞中，但是那仍是一致而持久的反对模式。

受厌恶之心困扰的人们在做重大人生决定的时候，他们的出发点往往不是向一个正面的目标前进，而是远离某些被他们视为负面的东西。他们往往是被动的，而不是主动的。"我父母没有按时付电费，所以我们的电被掐了。我要成为一名会计师赚很多的钱。"而不是"我想成为一名会计师，因为我喜欢数字。"。

当僧人们在日本的曹洞宗寺院开始训练时，他们被告知在第一年的培训里，对于任何要求，他们唯一可被接受的回应是"Hai！"（意为"好的"）。这是很有力的培训。它切开层层表面所谓的成熟，表露出他们内在的那个目中无人的两岁小孩子或者十几岁的少年。

不表达反对帮我们掘除以自我为中心的观点并让我们认识到我们个人的看法实际上没有那么重要。你会吃惊地发现我们与另一个人的不同意见实际上往往并不重要，它的作用只是增加我们的焦虑，以及增加我们周围人的痛苦。说"是"能令我们精力充沛,因为习惯性的抗拒是对我们生命的活力持续的消耗。

结束语

对生活以及生活所带给你的所有,培养一个说"是"的内在态度。这将为你节省很多精力。

Week 21
看到蓝色

本周练习

　　每当在你的周围环境中有蓝色出现时,你都对它们产生觉知。不仅仅是寻找那些明显的蓝色,例如天空,同时还要寻找不明显显现的蓝色,并且关注各种各样的蓝色。

提醒自己

在你的手背上或手腕内侧用蓝色水笔画一个小点。将用蓝色纸剪成的小方块贴在房子里你能看到的地方，比如贴在门上、冰箱上等等。

当你注意到这些提示后，停下一刻，观察你的周围并寻找蓝色。它可以是任何蓝色的痕迹，任何大小的，可以是一个小点，也可以是一大片。

软化你的目光，"邀请"蓝色出现，或许对你也是有帮助的。

初步发现

这个练习是一个学生建议的，他是一名艺术生，对色彩非常敏感。当我们做了这个练习一个星期后，在我们回来报告的时候，他解释说他在每个颜色中都看到了蓝色。紫色、绿色、棕色，甚至黑色中都闪着点点蓝色。我们中的大多数人都在很多想不到的地方找到了蓝色。蓝色有很多种，从细微的到明显的。软化目光给所有颜色和形式赋予了一层亮光。

在某些语言中，绿色和蓝色是用同一个词表达的，或者黑色和蓝色是同一个词表达的。例如，在日语中，有一个古老的词汇 aoi 指的就是蓝色，而一个单独代表绿色的词 midori 到了平安时代才开始被使用，到了第二次世界大战后的日本才出现在教育材料中。在其他语言里，例如希腊语中，有很多词用来描述各种深浅不同的蓝色：thalassic 是海蓝，ourani 是天蓝，galzio 是浅蓝，等等。

人们反馈说，当他们记得在周围寻找蓝色时，蓝色好像会自己跳出来。蓝色的事物似乎会脱颖而出，好像它们变得更立体了。这个练习同时也开启了我们对天空更多的感激——那大片经常被我们忽略的蓝色，虽然它通常占据了我们视觉的很大一部分。明亮的蓝色天空总是在我们的头顶上，即使是在阴沉沉或者下雨的时候。当我们飞行的时候，看飞机升空穿过低层的云朵冲入灿烂的阳光中，我们便会意识到这一点。

深入课程

当我们记得对蓝色开启觉知后，它看上去就变得更生动以及更加无处不在。当然，它并不是忽然变得如此的。它一直都是鲜明而清晰的。然而，只有当我们保持觉知的时候，我们才觉察到它在我们生活中的无处不在。

我如何知道我所看到和被我称为蓝色的颜色正是你所看到的呢？我们每一个人都生活在自己的世界里，没有人能进入并完整经历另一个人的世界。即使是同卵双胞胎，他们每个人的经历也是独一无二的。我们是唯一能看到我们眼中的蓝色的那个人。同样，我们特有的这个生活不会再次发生，我们是唯一能将我们的人生活到极致的人。

我们最本质的天性如天空一样，广阔，明亮，清晰。冥想帮我们重拾这个不被束缚的心境，也就是一种令我们无论遇到什么都可以深入明察的心态。清空头脑与我们每天面对电脑屏幕时的经历很相似。我们发觉自己深陷屏幕上那个吸引人又复杂的世界。在一段时间里那是我们的全部现实。接着，其他一些事把我们从屏幕前拉开——一个真正的人停下来和我们讲话。我们的电脑屏幕切换到了"屏保"，或许是一张蓝天上飘着几朵白云的照片。忽然，我们的觉知就变得开阔了，从一屏幕闪烁着文字的狭窄世界里跳了出来。

当我们发现自己被迷人又复杂的内在屏幕所吸引时，我们需要记得自己有一个选择。我们可以缩小它或者将它"最小化"为内在屏幕的一个小图标,从而开启我们内在本来就有的那片好似平静蓝天般广阔、清明的心境。一些想法会从屏幕上飘过,好似成片的白云。我们从那个狭小的"我,我的"的世界里跳出来而到达一个宁静的境界。那个代表我们担忧和计划的小小图标,我们想什么时间开启都可以。

就好像蓝天永远都在我们头上,即使在我们看不到它的时候,我们完美的天然心性也是如此。即使我们的头脑中乌云密布,情绪阴雨绵绵,我们的天然心性也会一直在那里,我们的内在和所有事物的内在明亮闪烁。

结束语

我们可以从黑暗和狭窄的自我沉醉的监狱里解脱出来,在明亮、广阔如天空的心性中寻得自由。

Week 22
感受脚底

本周练习

每天尽可能经常地将你的觉知放在脚底。关注你脚底的感受,例如地球或地面对脚的压力,或者脚所感到的寒冷或温暖。尤其重要的是当你注意到自己变得焦虑或者难过的时候你要这样做。

提醒自己

记住这个任务的一个经典方法是在你的鞋里放一个小石子。另一个不那么痛，但是可能也不那么有效的方法是在你可以看到的地方贴上写有"脚"字样的标签，或者在地板合适的位置上贴上脚印形状的标签。你还可以在你的手机或者闹钟上定时，令它们每天在特定的时间响铃提醒你。每当你听到闹铃的时候，把你的觉知转移到你的脚上。

初步发现

通过这个正念练习，人们注意到自己走来走去，但往往不曾真的对自己的脚有多关注，除非在自己的脚疼痛的时候，或者在自己跌倒的时候。当人们沉浸在自己的思考里时，将自己的觉知从头脑转移到脚上能起到令头脑平静的作用。这个作用的发生可能是因为足底是距离头最远的地方，而我们往往认为我们的"自我"存在于头脑中。我们总是对我们的思想产生认同，同时赋予我们的思想和头脑至高无上的地位。我们中的很多人无意识地将身体仅仅看成是头脑的仆人——脚是用来帮助发号施令的大脑移动的，而手则帮助大脑拿到它想要的东西，比如甜面包圈。

在练习中，我们每餐饭都开始于静坐并把觉知专注于我们的脚上。这帮助我们将正念注入"吃"里。我们也发现当我们保持对脚底的觉知时，我们的平衡力会有所提高，我们会站得更稳。

武术和瑜伽强调对脚保持觉知，同时在头脑中产生出一股延伸或根植于地球之内的连接感。这为我们带来身体上的平稳和头脑中的平静。当我们变得焦虑后，头脑会变得更活跃，好像在练习轮里转动的仓鼠，试图找到让头脑或身体不再不适的办法。做这个练习时，人们发现当他们将觉知引到脚底所有微小的感觉上后，不停变化的身体感觉的流动完全充满了头脑，让头脑也不再有思考的空间。他们不再感觉那么头重脚轻，更坚实安定，他们不再那么容易被思想和情绪左右。将觉知投注到脚下令头脑清醒，也将我们焦虑的乌云驱散。

深入课程

我们的头脑喜欢思考。它认为如果它没有在思考，它就没有完成好引导和保护我们的工作。但是，当头脑变得过于活跃时，相反的情形就会发生。它的领导变得尖锐，甚至残酷，而且它无休止的警告令我们被焦虑填满。我们如何才可以将思考的头脑放回正确的位置呢？我们将头脑所做的从思考转换为觉知，而这始于对身体的完全觉知。

练习正念的一个重要方法是步行冥想。我们做这个练习的时候不穿鞋子，因而脚上的觉知会被放大到极限。步行冥想帮助将我们打坐冥想所能带来的安静的身心带入每日在这个活跃的世界正常的生活中。安静步行是冥想一体两面之间的桥梁——一面是静坐中纯粹的觉知，一面是说话和活动。在步行中保持头脑的平静并不容易，因为身体的每个活动好似都会引发头脑的活动。

我们可以挑战自己。我能不能在绕着房间走一圈或者两圈的过程中保持自己头脑的平静并专注于我的脚底？我可不可以在室外一整段道路上步行时做到这一点？或者我从这里走到角落的时候做到这一点？

结束语

如果认真练习的话，将你的觉知放于脚底将带来头脑的稳定和情绪上的宁静。

Week 23
尽可能多的空间

本周练习

　　将你对事物的觉知尽可能多地转移到事物周围的空间上。例如,当你看镜子时,注意你的头周围的空间。在一个房间里,注意空间而不是家具、人或者其他可视事物。

Week 23 尽可能多的空间

初步发现

通常我们的注意力会在事物上。在一个房子里，我们的注意力往往在人、动物、家具、用具、餐具等等上。在室外我们仍然有如此宽阔的视野，我们会关注楼房、树木和其他植物、交通工具、动物、铁路、标志和人。将我们的注意力转移到这所有事物周围的空间上或者室内的空间上是需要努力的。让头脑对这些空间开启是有宁静效应的。我们的焦虑是和事物相关联的吗？

如果人们坚持一贯地做这个练习，它将成为训练觉知的有力工具。一个学生评论说日本的插花艺术令她开始欣赏空间。"我正学着去看空间，而它和身处于空间之中的事物同样重要。空间令每件事物不会挤在一起，同时也帮助显露树叶、树枝和花的美。"与之相似，我们头脑中的空间令每件事物不会被成团的想法所遮住，并会显露出我们所见到的每个事物的简单和美。另一个人补充说："当我观察一个事物周围的空间时，它好似忽然'凸显'出来并变得更生动了。我也看到椅子和其他事物得以实现它们的功能是因为它们周围的空间的存在。"接着又有人说："那就好像每件事物都是连续的，被空间连接在一起。同时，每件事物都和我一起融入这冥想中。"

一个人在描述他的经历的时候，泪水在他的眼睛中闪烁。他说："当我记得对空间保持觉知时，那就好像墙壁扩展开来，每个事物周围都有更多空间。我决定将这个运用到我的思想上，忽然它们周围也有了更多的空间。'我存在'的自我感减弱了——它只是存在于空间里的一个想法而已。但是接着我的头脑说'喔！'，那个沉重的自我感又浮现出来啦。"

另一个人很惊讶地在自己的情绪周围找到了空间并意识到它并不是自己的思想，也不是自己的情绪。

深入课程

  我们的身份和事物（那些可以加强我们自我感的事物）捆绑在一起："我是一个图书收集者"；"我有最新的娱乐系统"；"在我的墙上有漂亮的艺术品"；"我有五只猫"。我们整天都花时间和事物打交道。我们的欲望专注于那些我们希望填满我们周围空间的事物、动物和人。我们很少退后一步看看背景，看看那个占满了房间、楼房或室外街景绝大领域的空间。当我们可以将觉知转移到事物周围的空间上时，我们会感到轻松。

  同等重要的是觉察存在于头脑中的空间。当我们可以放弃思想并且对思想之后的空间保持觉知时，我们即刻便会感到轻松。我们的痛苦是和事物捆绑在一起的，我们的痛苦存在于对获得它们、保有它们、改变它们或者抛弃它们的欲望中。任何时候，我们发现自己紧紧抓住事物时，无论是物理实物还是心灵产物，例如想法或者情绪，我们抓住的便是痛苦的种子。如果我们可以放开手，改变我们的关注点，并且对背景里的空间、可能性产生觉知，我们就可以防止焦虑和悲伤在我们内在生长。

结束语

  让心灵变得开阔。别被那其中的内容所打扰或迷惑。

Week 24
每次只吃一口

本周练习

　　这是一个每当你吃饭时便要做的练习。当你吃了一口后,将勺子或者叉子放回到碗里或者碟子上。将觉知放在你的嘴里,直到那一口被尽情享用,然后被吞下。只有在这个时候你才再拿起刀叉吃另一口。如果你用你的手吃饭,在吃每一口之间将三明治、苹果或者饼干等你手中的食物放下。

提醒自己

在你吃饭的地方贴上"每次只吃一口"的提醒，或者在勺子或叉子上贴上"放下它！"的标志。

初步发现

这是我们所做的最具挑战性的正念饮食练习之一。在尝试做这个练习的时候，大部分人发现有"分层饮食"的习惯；也就是说，他们将一口食物放入嘴中，在他们用勺子或者叉子铲起食物吃下一口的过程中，注意力已经分散到别处了，接着他们在第一口还没有被咽下的时候把第二口食物送入口中。往往在他们的第一口食物还没有嚼完的时候，他们的手已举着第二口食物悬在空中。他们发现一旦自己走神，他们的手就又重新掌握了控制权，将新的食物送入还充满了上一口未嚼完食物的嘴里。这个简单的练习难到会令你吃惊。改变长期的习惯需要时间、耐心、毅力以及幽默感。

如果我们好好咀嚼我们的食物，让它们充分地与充满消化酶的唾液接触，食物的吸收可以开始于嘴里。吸收开始得越早，吃饱的信号就会越早被发送到头脑里，我们也会越快感觉到饱。我们越快感觉到饱，就越能准确地判断我们应该给自己准备多少食物，然后照此饮食。

在每口间将你的筷子放下原来是良好礼仪的一部分。它区别于狼吞虎咽。一个人在尝试了这个练习后感叹道："我才发觉原来我从没有真的咀嚼食物。几乎当它们还是完整的时我就已经吞咽下去了，因为我急着吃第二口！"她必须要问她自己："我那么喜欢吃，为什么我要那么急地吃完一顿饭呢？"

深入课程

这实际上是一个对不耐烦产生觉知的练习。吃得快,一口紧接着一口,是没耐心的一个具体例子。做这个练习会令你觉察在生活的其他方面和场合你所有的没耐心。当你需要等待的时候,你会不会变得不耐烦?我们必须要问自己:"我那么享受生活,为什么我要那么急着去把生活过完呢?"

每次吃一口或吞咽一口这种体验是每次感受一个时刻的一种方法。因为我们每天至少吃喝三次,这个正念工具赋予了我们每天将觉知注入生活的确切良机。吃饭本身是令人愉悦的,但是当我们吃得快而且没有觉知时,我们便感受不到那种愉悦。研究表明,讽刺的是,人们吃他们自己最喜欢的食物,要比吃他们不喜欢的食物还要快!暴食者也报告说他们不停地吃就是为了重获吃第一口时的快感。因为味蕾疲劳得很快,所以暴食者从来都不会成功。

当头脑在分神,想着过去或者将来时,我们只是以一般的心思在品尝食物。当我们的觉知在嘴中,当我们在吃的时候完全安于当下,当我们慢慢地吃时,在吃每一口之间都暂停,那么吃每一口都可以好似吃第一口一样,是饱满的,并且充满有趣的感觉。

没有觉知地追求愉悦就好像让我们受限于跑步机上。正念令愉悦绽放于我们生活中每个微小的时刻里。

结束语

如果头脑不在场,口中就不会有舞会。

Week 25
了无边际的欲望

本周练习

每天尽可能多地觉察到欲望的升起。

提醒自己

在重要的地方贴小条问自己:"现在我的欲望是什么?"

初步发现

人们反馈说在做这个练习之前,他们一直认为欲望是和食物或性相关的。然而,就像一个男人所说的,在一整天都对自己的欲望保持觉察之后,他发觉欲望一直都在产生,从他醒来的一刻到他入睡前清醒的最后一刻。当闹钟响起时,他渴望能多睡会儿。走入厨房,他想喝咖啡。在晚上,他想躺在床上,等等。很多人都惊讶地发现他们有一大堆欲望,仅仅是勉强地被掩饰为"理性"的人。

在人生中,欲望的暴政很早就抓住了我们。吃过早饭后半个小时,我两岁的孙女在外面,幸福地荡秋千。忽然她眉头紧皱,然后她宣布:"我要冰激凌!"过了一小会儿,她又说:"我要巧克力葡萄干!"她也意识到,"我需要……"比"我想要……"能更有力地帮她达成愿望。她很透明,你可以看到欲望的乌云在她阳光的小脑袋中飘过,令它变得黑暗。要想将她从欲望的触须中解救出来,需要很多成年人有决心和伎俩。

我们都知道欲望是怎样像寄生植物一样缠住我们的。我们和一个初学走路的小孩也没什么两样。我们在百货商店里满足地逛着,忽然我们闻到肉桂面包的香气。我们可以看到欲望升起,然后开始在我们的头脑里唠叨、谈判、讲道理。停止内在的争论并把思绪转换到更有益的事情上需要决心。

深入课程

欲望本身并没有什么问题。欲望令我们存活。如果我们没有对食物、饮料或睡眠的渴望，我们不久便会死亡。如果我们没有对性的欲望，就不会有人，不会有佛陀，不会有先知，不会有耶稣。例如，当你饿的时候渴望食物并享受食物没什么错。但是，如果过后我们仍然抱着那份愉悦不放，抱着给我们带来愉悦的食物不放，我们便开始走上痛苦的道路了。"冰激凌太好吃了，我需要再来一大碗。"或者，加大筹码，"我工作得那么努力，我应该再来一碗。"

观察一天中欲望是如何一再升起的，将其拉进无意识的疆域，在那里它可以控制我们，在我们不知道的情况下掌控我们的行为。"我想要/需要/应得一些冰激凌"很快就会变成"我怎么重了10磅？"，"我寂寞，我想要/需要/应得一个爱我的人"变为"我怎么会和这个人睡在一张床上？"。当欲望被拉入我们的意识中时，我们会看到它，从而可以就追随欲望是不是有益的选择做有意识的决定。

欲望很强大的部分原因在于它令我们感到生机勃勃。当我们的头脑专注于它想要的一些事物时，我们就好像专注于猎物的猎手，机警而充满能量。如果我们在考虑买一辆车，我们便开始在每个地方都关注车。我们和朋友及销售人员谈论车，并且在网上查阅比较不同型号的车。最终我们买了一辆车。我们很开心地开着自己的新车到处逛。但是这份愉悦会持续多久呢？最多几个星期或几个月。然后它就会变得和其他车没什么两样，我们也会开始追寻另一件事物，或许是一台新计算机。欲望本身也可能是令人愉悦的，欲望被满足后反而会令人感到失望，这也是人们总在猎取下一个目标的原因，无论是一辆新车、一位新的伴侣或是一份新的美味。这份躁动便是巨大痛苦和不满足的来源。

Week 25　了无边际的欲望

结束语

当你不快乐时,你要发觉你正抱着什么不放,然后放手。

Week 26
学习痛苦

本周练习

在你度过每天的过程中,关注受苦这个现象。你如何在自己或者他人身上发现它呢?在什么地方它是最明显的?它的更温和的形式都有哪些?最强烈的形式都有哪些?

Week 26　学习痛苦

提醒自己

将写有"学习痛苦"的便签或者不高兴的人的照片贴在合适的地方。

初步发现

痛苦无处不在。我们在人们充满焦虑的脸上看到它，在他们的声音中听到它，在新闻中读到它。当我们学习痛苦时，我们也能在自己的想法中听到它，在自己的身体上感觉到它，在镜子中自己的脸上看到它。往往人们在开始这项练习的时候，他们想到的都是极端、形式明显的痛苦，例如，你爱的人过世或者孩子们成为战争受害者。当这项练习带来越来越多的觉知时，人们发现痛苦是有范围和程度的，从温和的小烦恼和不耐烦，到愤怒或者压倒性的悲哀。

我们接触到的痛苦不只是人的痛苦，动物也是如此。我们看到我们爱的人受苦，也看到大街上的陌生人受痛苦的煎熬。苦难通过广播、电视和互联网注入我们的心灵。

疼痛和痛苦之间是有差异的。疼痛是人体的身体所感到的不舒服的感觉；芸芸众生都会感受到。苦难是加到这些身体感觉之上的心理和情绪困扰。佛陀精心研究了七年，发现身体上的痛苦是不可避免的，但心灵上的痛苦是可选的。其实，只有当你有训练头脑的好工具并且勤于练习时，心灵带来的痛苦才是可选的。

例如，当我们头痛时，我们可以认为："好吧，我身体这方面暂时不适。"或者我们可以认为：

"这是我这个星期第二次头痛。"（将过去拉到现在。）

"我敢肯定它会变得更糟，就像以前一样。"（预测，或许甚至创造未来。）

"我受不了了。"（但是，实际上，你以前忍过来了，这次也会没问题。）

"有什么不对吗？"（没有。这只表明你是一个有身体的人。）

"莫非我有脑瘤？"（极不可能，但因为担心，你可能给自己带来严重很多的头痛。）

"可能是因为我工作上的压力造成的。我的老板简直不可理喻……"（你习惯性地在周围找人去责怪。）

我们精神上的痛苦会帮助治愈身体上的痛苦吗？不，它只能使后者更强烈，并持续更长时间。我们将简单的、暂时的身体不适变成了更大范围的痛苦。

深入课程

痛苦本身是有一些好处的。如果我们从来没有经历过苦难，我们会在生活中得过且过而不会有任何改变的动机。不幸的是，我们最不快乐的时候，正是我们最积极改变的时候。

如果我们能够不让头脑肆意横行，过度解读或将痛苦放大、传播，或者找其他人去责怪，那我们体验到的无非是身体上的"疼痛"。如果我们只是体验它，真正地观察它，发现它的所有属性和特点，我们会发现往往它并不是"不可忍受"的，还很有趣。痛点有多大？究竟在什么位置上——在头骨的上方还是下方？它带来怎样的触感——锐利、迟钝、刺激还是光滑？如果它有一个颜色，那会是什么颜色？是持续性的还是间歇性的？当人们停止抵抗疼痛并以这种方式观察它时，他们经常会有有趣的发现。抗拒令疼痛持续。当我们不给简单的身体不适强加上精神和情绪压力时，疼痛可以随意改变，甚至瓦解。

痛苦也令我们心中生出同情。我的第一个孩子出生后，关于生命之脆弱这种新的意识也随之在我心中升起了，而我为世界上所有那些我不认识的、失去了孩子的女人哭泣。当我们在承受疼痛或痛苦时，这是一个将我们的意识从内向外改变方向的完美时机，同时也是我们为所有如我们一般受苦的人做慈悲练习的绝佳时机。例如，当我们感染了流感时，我们可以说："愿所有今天生病在床的人，包括我在内，得以安心。希望我们都能好好休息，快速康复。"

以同样的方式，生病有助于我们更感激身体的健康，因为当我们已经意识到许多种痛苦时，我们也越来越意识到它的反面，即那些简单幸福的源头——婴儿完美的睫毛，尘土飞扬的道路上第一滴雨的味道，安静房间里的一缕阳光。

结束语

苦难使我们有改变的动机。这种变化是积极的还是消极的，都由我们自己决定。苦难也令我们对同我们一样受苦的人生发出同理心来。

Week 27
傻乎乎地走路

本周练习

每日数次,尤其是当你的心态不是很好的时候,傻乎乎地走路。最简单的傻乎乎走路方式有倒着走路、蹦跳或单脚跳。

观察你的心态或心情在傻乎乎走路过程中有什么变化。

提醒自己

把一小块胶布贴在你鞋子的尖端。

当你专注于心情的时候，评估你的心情，从 1 到 10 给它评分（1 为"惨"，10 为"非常幸福"）。然后做一次简短的傻乎乎走路，并再次评估你的心情。有任何改变吗？

如果你需要灵感，可以在互联网视频网站上搜索蒙提·派森（Monty Python）的小品《愚蠢的步行》（*The Ministry of Silly Walks*）。

初步发现

这项练习的灵感来自蒙提·派森的《愚蠢的步行》。看完这个视频，我们便打打闹闹，发明新的方法来傻乎乎地走路。我们发现，傻乎乎走路是一种能最快改变你及看着你的人的心情的方式。看看当你的孩子们感到不耐烦时，他们是不是能尝试一下。

改变负面或抑郁的心态是至关重要的技能。在我们学会善于利用头脑改变思维状态之前，我们经常从身体那里寻求帮助。傻乎乎走路有用是因为，正如禅宗所说的，身体和心灵并不是分开的两者，它们不是彼此独立的。

深入课程

我们不能依赖外界的人和事来帮我们改变不好的情绪。为什么不能？第一，因为别人不可能真正地感受我们内心的感受。第二，人是"受限的存在"。这也就是说，人们是暂时存在的，他们会变，会消失,或者会死亡。至少,他们不会永远都有空或在我们身边,比如,当我们在紧张考试的时候或者在参加一个艰难的工作面试而感觉焦虑的时候。

佛陀建议他的追随者们,"做你自己的明灯"。这意味着,我们可以学着开启自我已觉醒的心灵的明灯,并且用它帮我们客观地看待我们身上正在发生着什么。通过这盏明亮的灯,我们可以观察这个小我在何时,为何不能以最优的状态运作,然后我们可以试着改变它。

当我们学会自己改变不良的心态,而不是做总在改变中的情绪和思想的受害者时,我们就成为所谓"房屋的主人或女主人"。通过勤奋练习,我们会越来越对自己在每个有需要的情境下改变自己的想法和心态的能力有信心。这样,我们作为生活在无尽的不可预知变化之中的人的恐惧便会开始消散。我们可以感受真正的自由——从我们头脑的暴政及其波动的情绪中解放出来。

做这个练习可以提醒我们别太拿自己当回事。傻气行走将我们从对自我和自己的种种困难的专注中解救出来并且改变我们的观点。日本佛教大师说,我们人类是"愚蠢和无知的人类"。当我们承认自己的愚蠢,当我们甚至愿意做愚蠢的事情的时候,很多可能性将被开启。

结束语

我们可以学习自己改变我们不健康的情绪和想法,这不需要任何设备或费用。和任何技能一样,它需要时间和大量的实践。

Week 28
水

本周练习

打开你对水的觉知,包括它的所有形式,包括你体内和所处环境之内与之外的水。对液体产生觉知,无论是饮料中的还是你所处的环境中的。

提醒自己

将"水"这个字或者水滴的图片贴在墙上。你也可以将小碗的水放在看得到的地方。

初步发现

做这个练习,会让我们意识到水无处不在。它在我们的身体里,在唾液、眼泪、血液、体液、胃液、关节液和性分泌物中。我们身体的 70% 都是水,没有它我们会成为一小堆干瘪的组织。没有它,几天后我们就会死去。一天中我们不停地摄入水,无论是从茶水中还是从橘子中,从蔬菜沙拉中还是从汤中。它也存在于我们的外部,在池塘里、湿土中、树叶里、露水中以及挡风玻璃清洗液中。它在我们头顶的云彩中。它在我们脚下埋在泥土之下的下水管中,以及地下含水层中。

当我们打开对水的觉知时,我们会意识到它是多么神奇的一个存在。它本身是透明的,却可以承载无数种颜色。它可以融入任何器皿。它是我们无察觉时吸入的无色无味的气体,是我们伴随着感激倒入喉咙的透明液体,是遮盖了人类丑陋创造的白色片状晶状体,是令我们害怕走路或驾驶的湿滑的地面。

通常我们不会注意到水,除非它有什么问题——水流被关闭了、马桶堵塞了或者上班必经的路被洪水淹没了。在发达国家,人们认为干净的水是理所当然的。住在 2 550 年前一个闷热、不洁的国家的佛陀认为用来洗涮和喝的洁净水是最伟大的礼物之一。越来越多人开始担心世界上的水会被用光。世界上仍然有很多人没有安全的洁净水可以使用。我们是否可以感激这个每天由地球和天空赠予的维持生命的礼物？

一位年轻的僧人曾经打热河里的水为他的主人洗浴。当他将几滴留在木桶里的水倒到地上时，他的主人因他缺乏正念而狠狠地骂了他。因为即使是一滴水，也可以将它给予花园里的植物，从而赋予植物、僧侣、佛法生命，或者它会回流至河流里。僧人的心灵由此被开启了。他为自己起名为Tekisui，意思是"一滴"，后来他成了一代宗师。

深入课程

当我们对水产生觉知后，我们的头脑可以变得像它一样流动。正如水能够不受阻碍地流入不同的容器，当我们培养出轻松而灵活的头脑时，我们便能够毫无阻力地融入不断产生和变化的任何状况中。

我们喜欢坐在河流或小溪旁，看着不停变化的河流。我们可以以同样平静的双眼看着我们的人生如河水般流过吗？我们可以平心静气地看待无常和无尽的因果轮回之流吗？

当我们观察到水是如何在其不同状态下转变流动的，从固体到液体，再到气体时，我们也会学到一些有关我们的生命和无常的真理。元素的暂时集合凝结形成一个表面上看是固体的人，但是当将这些元素保持在平衡状态的力量散去（血液中的一滴钾、不规则的心跳、不专心驾驶等）时，这些元素便开始分离和溶解，被释放并还原成它们原来的氢、碳、钙、氧状态和一点热量而已。

水有另一种品质值得我们借鉴。当泥浆水被倒入杯子里并静置时，最终泥浆会沉降至底部，水将再次变得清澈。当我们的心不安、焦虑或恐惧时，我们是很难想到问题的任何解决方案的。正念的一个方面是要记住，平复心灵并让它充满天然的清晰宁静是可能的。你需要做的只是坐下，做几次深呼吸，让你的思绪和感觉平复。怎么样才能做到呢？通过做这本书里的某个练习。在紧急情况下最有效的技巧有以下几种：觉知你的呼吸，逐渐意识到你的本原，爱护你的身体和心灵，打开你的耳朵聆听声音。这将令你感觉耳目一新，就像给你的心灵洗了个澡一样。

结束语

道元禅师指示他的厨师："视水为你的命根子。"

Week 29
仰望

本周练习

　　每日数次，特意仰望。花几分钟时间来真正审视房间的天花板、高层建筑、树顶、屋顶、丘陵、山以及天空，看能发现什么新的东西。

提醒自己

将画有指向上方的箭头或者"仰望"字样的标签贴在墙上。

初步发现

大多数时候，我们只看到了窄楔形的世界。因为我们的眼睛在我们的头前，我们的视觉意识通常仅限于我们眼前从地面到大约三米之上的范围。只有当我们看到或听到什么不寻常的，如一个两米高的男人或头顶上的突然一声巨响时，我们才会仰望。当然，从事某些职业的人，如农民或水手，经常扫视天空，因为未来的天气对他们至关重要，但是现在，他们更有可能看气象频道或雷达屏幕。

仰望打开我们的视野，让心灵逃离其神经质的鼠笼，并允许它伸展和弯曲。仰望的时候，人们注意到很多以前忽略的东西：天花板上灯的倒影，建筑物上的装饰雕刻，风中的树梢，云的形状和颜色，从公寓窗口向外看或者倚靠在阳台上的人，忽然结队盘旋的鸟儿们。

有心理学研究显示，即使我们专注地看某样东西，我们仍然会忽略很多。

例如，人们不会注意到穿着大猩猩样式的服饰在篮球赛场上四处溜达的人，不会注意到两个人照片上的脸被调换。我们好似行走于梦境中，四分之三的东西都没有觉察到。

深入课程

"看"并不等同于实际看到。要看到东西，不仅需要视觉，而且需要注意力。我们没有看到篮球赛场上穿着大猩猩样式服饰的人，因为我们已被要求专注于别的东西——数一个队过人的次数。我们可以开车去上班，我们的眼睛似乎看到了交通灯，但我们对途中是否停车了没有任何觉察。

我们是如此斤斤计较于眼前的事，而错过了身边的很多事。孩子比成年人更有觉知，因为焦虑已经将成年人的生活缩小到"有什么可能发生在我身上的事需要我担心？"这一点上。仰望令我们的生活比之前丰富很多，从而使我们的生活包含更多的生命（例如鸟）和现象（例如彩虹）。当我们的眼界变得更宽时，我们对自我的体验也会扩展。我们不再会被困在那个称之为"我，我的世界，我的忧虑"的小盒子里。

仰望帮助我们扩大视野。站在五层楼阳台上的女人或者在我们头顶盘旋的鹰是怎么看我们的？当我们哪怕用一点点他们的眼光观察时，自我迷恋的密闭空间将会打开，我们会尝到自由的迷人味道。仰望即向外看——跳出那个被称为"我自己"的小盒子的局限。难道你不想走出去吗？

结束语

眼睛是正念重要的工具。打开你的视野，真的看吧！

Week 30
定义和防卫

本周练习

意识到你是如何定义自己，以及如何保护自己和个人领地的。举例来说，你认为自己是自由的还是保守的？是北方的人还是南方的人？你是如何捍卫这一立场的？请注意一个水杯、停车的地方或地铁上的座位如何很快地成了"我的"，以及当别人占有了这些东西时，你是如何反应的。

每日数次觉察这个过程。特别是当你烦躁或不安时，问自己："在这一刻我是如何定义我本人或我的个人领地的？"

Week 30　定义和防卫

提醒自己

在合适的地方贴上写有"定义和防卫"的标签。

初步发现

这个练习源于名为迈克尔·康克林的藏传佛教徒。他在我们寺庙附近的一个社区学院里教授一门佛教课程。他给学生的作业之一就是在一周中观察这个"定义和防卫"的过程。学生觉得这个练习很发人深省。他们的主要发现是，他们始终处在这个过程中。

当我们定义一个特定的物理空间（教室里的椅子或桌子，最喜欢的餐馆中一个角落里的桌子，高速公路上的一个地方，壁橱里的一个架子，健身房地板上的一个点）是属于我们的时，我们可以很明显地看到这个过程。如果有人不尊重这个已经在我们的脑海定下无形边界的自我领土，我们会有所反应。放下瑜伽垫的几分钟内，我们已经将那块空间占为己有。在我们的寺庙里，一旦静修开始，我们就要小心不要轻易挪动任何人的打坐垫，因为这真的会令他人不快。我们无论去哪里，都很容易建立起小小的安全领域，然后捍卫它们。

这一过程在生命早期便开始了。禅师奥村正博（Shohaku Okamura）讲过他带小儿子去公园的故事。他带了几个玩具，让他儿子和其他孩子分享，从而让他儿子可以认识一些美国孩子。但是，当其他孩子走近时，他儿子将那些玩具揽到自己的胸前，并说出了他的第一个英文句子："不，我的！"这样一来，一个自我诞生了，并得到了维护。这是人类发展的一个自然的过程，但为了使我们真的满足，在成年生活中它一定要得到修正。

深入课程

当我们认为我们需要某些东西来使自己完整或令自己快乐时，贪婪就产生了。它可能是特定的一辆汽车、一栋房子、一样食品、一个学术学位，或公众的一致好评。它可能是另一个人。如果我们不能得到我们心之向往的东西，我们就会变得不高兴。这就是通过可以设法获得并留住的物质财富来定义自己的方法。

我们也通过精神财富定义自己——炫耀我们的知识并大力捍卫我们的观点。我们认为："我对这个话题的意见都是正确的，我会和你争辩，直到我说服你！"当你意识到在一个24人的小组里，除了自己的观点外还有23个不同的观点时，你就会发觉这是多么惊人和有趣。我们为什么会认为自己的观点是唯一正确的呢？

愤怒或被激怒的感觉是觉察到我们在捍卫自身的线索。当我们认为我们需要摆脱某事或某人才能快乐的时候，愤怒便产生了。我们需要摆脱的可能是某一特定的政客，一种疼痛或疾病，一个讨厌的老板或同事，一个烦人的邻居或者他那叫个不停的狗。如果我们不能摆脱他们，我们便会不开心。为什么这个世界不能如我所希望的合作呢？那将是惊人的，也是有趣的。为什么事情不能如我所愿地发展，而是如地球上其他70亿人所希望的那样而发生呢？

我们对自我是什么一无所知。它不是一个稳定的存在。它始终处在持续的变化之中。被我们称为"我"的所有事物都处于一个不断改变的过程中，这个过程会影响我们的好恶、我们的衣着、头发以及我们身体中的每个细胞。每次呼吸都是这个不断变化的过程的一部分。如果我们试图冻结我们的自我意识，我们只会创造痛苦。（"在心里我觉得自己30岁，但是从表面看我已经60岁了，我很讨厌这一点！"）

Week 30　定义和防卫

结束语

　　从来没有一个需要被捍卫的自我,因为实际上的自我只是一个由不断改变的感觉构成的过程,其中包括被我们称为"思想"的感觉。

Week 31
关注气味

本周练习

在这一周中,尽可能多地觉察气味。这可能是你在吃或喝的时候最容易做到的,但在其他时间也要尝试。每日数次,尝试像狗一样闻空气。如果在你所处的环境中没有很多味道,你可以尝试制造一些可以闻到的气味。你可以在手腕上轻拍一些香草,或者在炉子上的水里煮一些香料,如肉桂或丁香。您也可以尝试点燃一些熏香蜡烛或闻有香味的油。

Week 31　关注气味

提醒自己

将写有"气味"字样的标志或者鼻子图案贴在有帮助的地方。

初步发现

因为在我们鼻子后面对气味作出反应的细胞距离我们原始的大脑中情感和记忆的加工中心只有两个突触那么远，所以气味能唤起强大的条件反射——欲望和厌恶。当我们没有意识到闻到了气味的时候，这些无意识的反应甚至也可能发生。我们并不感恩自己的嗅觉，直到我们失去了它，例如，当我们感冒的时候。永久失去嗅觉的人会变得抑郁，因为他们同样也失去了之前拥有的享用食物的能力。很多人因为担心自己闻不到火的烟味、闻不到自己的体味或吃了变质的食物而变得焦虑。

练习对气味保持觉知，人们会发现在他们周围的环境中有很多气味，一些气味是明显的（咖啡、肉桂卷、汽油、臭鼬的气味），一些气味是细微的（我们在室外闻到的新鲜空气、脸上的肥皂或者剃须膏、干净的床单的气味）。他们还发现，气味可以唤起情感、欲望和厌恶。

我们对味道的丰富体验主要来源于我们的嗅觉。我们的舌头只能感受到几种感觉——咸、甜、酸、苦和鲜味（咸鲜味，如肉类或酱油），但是我们可以区分几千种气味。一些物质，哪怕只是它们的一个分子，我们也能闻出它们来。研究表明，女性的鼻子比男性的更敏感。女性为了吸引男人而涂香水，但这种努力很可能白费，因为男人们最喜欢的往往是烤面包、香草和烤肉的香味。

在现实中，没有"好"或"坏"的气味。我们已经习惯了我们身边常出现的气味。当我住在非洲的时候，我身边的人身上有汗水与木材燃烧的烟雾混合的强烈气味。对于被这种气味包围而长大的孩子来说，这无疑是一种令人舒服安心的气味。可能对于他们来说，我的气味闻上去很搞笑，因此即使我在黑暗中走近他们，他们也能觉察到我。

当东方人与西方人第一次见面时，喜欢每日沐浴的日本人不喜欢爱吃乳制品又不经常洗澡的欧洲人身上的味道。他们说这些游客有"黄油的臭味"。人们不是很清楚自己身体的气味。其他人可能会告诉我们，我们需要洗澡或者我们闻上去很不错，这往往令我们吃惊。就好像我们对自己的体味没有觉察，我们对自己性格的"味道"也没有觉察。我们的性格是如何影响他人的呢？

深入课程

我们的很多行为都是被无意识的影响所驱使的。当我们遇到一个人，他看上去的样子，他的打扮、谈吐，或者甚至闻上去像童年伤害过我们的某人时，我们会瞬间对这个无辜的人产生不可解释的厌恶感。这个感觉和那个人没有任何关系。这只是一个电极反应——神经元连接到大脑中的旧时记忆和情绪的贮存场所而带来的印象感受。改变这种习惯性的模式并不容易。首先我们要在身体的感觉、思想和情绪产生的时候觉察到它们。我们要仔细觉察感觉和情感基调的交界，这是籽晶，它将启动一个连锁反应，最终体现在思想、情感、言语和行为上。

感觉叠加→感觉（基调）→感知→行动发生得很快，令人们很难看清每个单一步骤，但当它涉及气味时，人们便能明白这一连串的事件。比如，你到外面，并深呼吸。你能觉察到气味和内在的反应。为什么呢？当化学分子接触到鼻腔时，你闻到一些味道，并且在你还不知道这是什么味道之前，它已经带来了负面的情感。接着你的头脑试图判断这是什么味道，"哦，狗屎。"这是感知，然后随之而来的是意志行动。你可能会说："哪个白痴让自己的狗在我的草坪上拉屎？"

或者，你可能只是走在室内拿一个塑料袋把它清理干净而已。

气味可以对我们的心理、情绪状态和行为产生有力的影响。气味可以调用记忆和旧有反应。例如，你父亲用的某种剃须润肤剂的气味可能让你觉得快乐、深情、易怒或冷漠，这取决于你和你的爸爸相处得如何。心理学家有时用恶心的气味来打破人对有破坏性的冲动或行为的痴迷，如色情瘾。

气味带来的积极影响对人有所帮助。香被用在冥想大厅的一个原因是，随着时间的推移，香的香味和心灵的宁静之间会建立强有力的联系。当你进入充满香味的大厅后，你的头脑会自动平静下来。经过长时间的打坐，僧侣对香味变得极其敏感，以至于仅仅通过香味的改变他们就能判断出打坐结束的时间到了。因为当香燃烧到香碗底端的灰烬的时候，它的味道会改变。

当我们的心灵平静并且来自其他感官的信息很少的时候，我们会对香气非常敏感。一天晚上，我正坐在一间日本寺庙的外面，在寺庙巨型竹林的深处。这是无声打坐的第七天。经过两天的台风，空气很新鲜。我的心是完全静止的，我的意识是敞开的。在寂静中我能听到一片竹叶轻轻下落，下落，下落。渐渐地，我开始觉察到一股细微的辛辣香味。它来自竹子。那次之后我没能再次闻到那种香味。我会永远记得它那细腻的香味，对那种香味的回忆也会唤起那晚在我心中所感受到的非凡的平静。

结束语

一种能带来最美妙的快感的冥想，是对气味及它在一呼一吸之间是如何变化的保持完全的觉知。

Week 32
这个人今晚可能会去世

本周练习

一日数次,当有人跟你说话时,无论是面对面还是通电话,提醒自己:"这个人今晚可能会去世。这可能是我最后一次与他同在。"请注意你聆听、谈话或者和他的互动会产生怎样的变化。

提醒自己

将一张纸条贴在你的浴室镜子上，在你自己影像的上方或下方的这张纸条上写着："这个人今晚可能会去世。"把类似的便签贴在你的电话旁边或者在你的办公区域内——在你和他人互动时可能会看到的地方。

初步发现

有些人一开始会觉得这个练习很令人抑郁，但是他们很快会发现，当他们意识到自己和与他们对话的人都必将死去时，他们会以一种不同的方式聆听和专注。当他们明白了这个真相——这可能是他们最后一次见到这个人活着的样子时，他们的心便打开了。当我们和别人对话，尤其是那些我们每天都会见到的人时，我们很容易分心，一般只是放一半注意力在聆听上。我们往往看向一边或者眼睛朝下看着一些其他的什么东西，而不是直接看着对方。我们可能甚至因为他们打扰了我们而感觉气恼。意识到他们是会死亡的令我们以全新的视角看待他们。

当和我们谈话的人是老人或者病人，或者是最近你的熟人或爱的人去世了时，这个练习会变得特别有力。当日本人和他人道别时，他们会毕恭毕敬地站好，挥着手目送他人离开，直到看不到了为止。这个习俗根植于对"这个可能是他们最后一次见到对方"的认知。如果我们和我们的孩子、伴侣或者父母的最后一次交流充满了不耐烦或者愤怒，那将多么令人伤心啊！如果我们认真地道了别，那将多么令人欣慰啊！

深入课程

虽然生病、年老、死亡会发生在这个世界的所有人身上,但是我们在过日子的时候,好似这些不会发生在自己或者自己关心的人身上。这项练习可以帮助我们克服对"人的生命是很脆弱的,死亡可以在任何时刻发生"这个真相的拒绝,所需要的只是血液里钾含量的小小变化,或是一个致命的细菌,或是一位睡着了的司机,或是我们心脏里不同寻常的电极模式。有些时候,拒绝的面纱被掀起,我们不得不直面生命的脆弱,例如我们的同事或家人被诊断出患有致命的疾病,或者和我们同龄甚至比我们年幼的人意外死亡。

当然,我们本不希望我们的心灵被无休止的关于死亡的焦虑填满,但是对无常保持觉知会帮我们珍惜每天遇到的人。当我们亲历"人生短暂"这个事实时,我们的对话态度会改变。我们不再以一个被其他事占满了一半的头脑"对着"某人讲话,我们会在每一次相遇中更加专注于当下。这种安静的专注在常人的世界里是很不寻常的。

每晚我们入睡的时候,我们都完全相信我们会醒来。当我们意识到我们同样也可能今晚就死了时,我们会更加珍惜活在当下,我们会在生命的每一时刻都更充满活力。

在每一天的静修结束的时候,我们都会唱一首诗。你不妨在一个星期里每天晚上睡觉之前背诵它:

愿我可以毕恭毕敬地提醒你,
生和死是至关重要的。
时光飞逝,良机丧失。
当这一天过去,我们生活的日子将又减少一个。
每个人都应该努力觉醒。

觉醒!

要谨慎!

不要浪费生命!

结束语

知悉死亡开启了我们对生命中这一独一无二的、生动的时刻的觉知。

Week 33
热和冷

本周练习

在一周中注意冷和热的感觉。关注身体或情绪上对温度或温度变化的反应。练习在任何温度下都应付自如。

Week 33 热和冷

提醒自己

你可以用有温度计图片或者写有"热和冷"字样的标记提醒自己。

初步发现

做这个练习的时候,我们会发现我们对小范围内令我们舒适的温度之外的其他温度感到厌恶。每个人的舒适范围都是不同的。我们抱怨"太热了!"或"太冷了",好似事情本不该如此——太阳、云朵和空气联合起来和我们作对,令我们不舒服。我们总是要做点什么来调节温度,开启或关闭暖气或者空调,打开或关上门窗,穿上或脱掉衣服。我们从不会满足很久。当气温上升到 32 摄氏度时,我们渴望更凉爽的天气;在寒冷、阴雨绵绵的冬天,我们渴望阳光。

我仍然记得童年在密苏里州度过的夏天。在我们爬进车里的时候,汽车上的塑料装饰会烫伤我们的腿;当我们出来的时候,身下会有很多汗水。我们在室外玩耍,满身大汗,但从不抱怨。那时候就是那个样子的。年幼孩子的父母经常说,当他们去海边时,他们的孩子们必将下海玩耍,无论海水的温度如何。当我们长大成熟后,到底发生了什么令我们不能忍受事情本来的样子呢?

一个八月,我们在日本旅行,每次出门都好似进入桑拿房般。几分钟内,我们的衣服就会被汗水完全湿透。几个小时后,盐会沾满我们的皮肤,在我们的衣服上留下白渍。不宣泄我们的痛苦实在不是一件容易的事。但是我们发现日本人,无论是婴儿还是老人,都只是继续做他们在做的事情而已,他们显然未受影响。这激励我们放开充满抱怨的头脑,安然地和事情本来的样子共处,明白感觉无非是感觉而已——潮湿和干燥的地方，外面的炎热和室内的凉爽，涓涓汗水带来的痒痒的感觉，都是事物本来的面目。将心灵带来的痛苦解除了，我们便成了非常快乐的朝圣者。

在一次静修的时候，一个女人来找我，她说虽然她穿了多层衣服，也带了热水瓶，但她仍然总是感到寒冷。她也意识到自己对寒冷充满了恐惧。她明白那恐惧是非理性的，同时，她也在试图寻找那个恐惧的来由。接着，她记起了 20 年前发生的一件事，那时她心脏有些问题，而且感觉非常寒冷。我叫她认真地觉察自己的身体，然后告诉我她身体的百分之多少感觉并不寒冷。几分钟后，她很惊讶地告诉我，她多于 90% 的身体都是感觉温暖的，甚至感觉热。她意识到是那 10% 的感觉寒冷的身体引发了 100% 的恐惧情绪。过后她说她卸掉了心里的一个重物，放下了那已经持续了几十年的恐惧，现在她已经可以很轻易地忍受各种不同的温度了。

有一次我观察到一位乘客进了我的汽车便去开空调，这时候车还没有启动呢。这就好像还没有尝过食物就开始放盐进去。我们活在自动反应中，试图在任何不适发生之前就隔离自己。这样我们也失去了由潜在发现和探究的自由所带来的喜悦，也失去了在比我们想象得到的更广阔的范围中去体味生活带来的快乐。

深入课程

一个很重要的对付不适的方法就是停止逃避它。你勇往直前地去体验它，在体内感觉它带来的真实感受是什么。你研究那个不适的大小、形状、表面的质地，甚至它的颜色和声响。它是持续性的还是间歇性的？当你这样细心地去体验时，当你的体验是深刻的时，被我们称为不适或疼痛的感觉会开始改变甚至消失。它会变成一系列的感

Week 33　热和冷

受，在空荡荡的空间里产生或者消失，闪烁或关闭。这是最有趣的。

在日本的禅宗沉思室或禅堂，在冬季是没有暖气的。窗户是打开的。坐在室内就好像坐在室外一样，只是你不会被雨雪淋到而已——不会淋得那么厉害。在一次2月的长时间闭关中，我穿上了行李箱中的所有衣服，太多层了，以至于我的膝盖都不能弯曲了。我的皮肤被冻得厉害，每当我把注意力放在暴露在外面的脸或手上哪怕一小段时间时，我就会感到疼痛。在传统的禅宗闭关中，要在沉思室里吃饭。每次吃饭的时候，我都需要看筷子是不是仍然夹在我发麻的手指中。完全没有任何办法摆脱这种不适。摆脱的唯一办法就是接受它，坚定不移地将注意力集中在我肚子的深处，即在身体的中心。这是一个强有力的闭关，我也明白了为什么尊敬的禅师原田祖岳（Sogaku Harada Roshi）坚持将他的寺庙建在雪国深处。

我们花很多的努力试图让外界条件适合我们。然而，随时保持舒适是不可能的，因为所有事物的本质就是变化。这种对控制的企图才是使我们身体疲劳和情绪困扰的中心。关于这个问题有一个禅宗公案。一个禅僧问托岑（Tozen）大师："冷和热降临在我们身上。我们怎样才能避免呢？"托岑大师回答："你为什么不去没有寒冷或炎热的地方呢？"禅僧不解地问："哪里是没有寒冷或炎热的地方？"托岑大师说："当它是冷的时，让它尽可能冷，直到可以杀了你的地步。热的时候，让它尽可能热，直到可以杀了你的地步。"

在这个公案中，"杀了你"是指摒弃你的关于事情应该顺你意而让你高兴这个想法。这听起来可能有些奇怪，但是你可以在承受不适和痛苦的同时练习正念，并感觉十分快乐。这种快乐来自活在当下，同时也来自你正在获取的信心——相信通过持续的练习，有正念这个工具的帮助，最终你能够面对生活带给你的一切，即使是痛苦。

结束语

当你的头脑说"太热"或"太冷"时,别相信它。觉察整个身体对冷热的体验。

Week 34
在你脚下的这个伟大的地球

本周练习

尽可能经常地对你脚下的地球保持觉知。通过视觉和触觉保持觉知,尤其是通过脚底的触觉。当你不在室外时,你可以用你的想象力来"感觉"地板或你住的楼房之下的地球。

提醒自己

将写有"地球"字样的标签或地球的图案贴在周围环境中合适的地方。你也可以在你桌子、台面或餐桌上的小盘子里放一些土。

初步发现

在练习时,我们决定通过每天起床后磕头来开始这项正念练习。开始这看上去像一个奇怪的练习,但是渐渐地我们开始感激它。虽然每天,作为练习的一部分,我们会叩首(用我们的头碰触禅堂的地板很多次),早上的这个练习给我们带来的剧烈的脆弱感是我们在每日叩首练习时感受不到的。醒来,站立,立刻跪下以额头触碰地面,帮助我们以谦卑的心和对支持我们的地球的感激开始一天的生活。我们在上床睡觉前会以同样的叩首结束一天,表达我们对无时无刻不在支持我们的地球的感激之情。

虽然我们人类每天都在地球的表面行走或驾驶着车来来去去,但是我们几乎对作为我们生命舞台的那个大球毫无觉知。我们同样对地球施加在我们身上的引力毫无觉知。对我们脚下的地球产生觉知——它支持我们的每一步,我们的整个生活都在它之上,这令很多人深感鼓舞。

当我们生活在头脑中,不能专注或者胡思乱想时,我们便很容易失去平衡。如果我们将注意力延伸到脚下的地球,我们就会感到踏实,感觉更有根基而不会轻易被思想、情绪或不可预知的事件左右。

一行禅师写道:"我喜欢独自走在乡村小道上,两侧是水稻和野草,将每只脚放到地面上,意识到我正行走在这充满奇迹的地球上,本身就是充满正念的。在这样的时刻,存在是一个奇迹和神秘的现实。人们通常认为在水上或空气稀薄的地方行走是奇迹。但我认为,真正的奇迹是行走在地球上……一个我们甚至没有意识到的奇迹。"

深入课程

佛陀如此教导他的儿子罗睺罗：

像地球那样打坐：地球完全不被它接触到的令它愉快或不愉快的事物所影响，所以如果你像地球那样打坐，愉快或不愉快的经历都不会打扰你。

你可以将任何液体泼洒在土地上，无论是宜人的玫瑰水还是令人不快的生活污水，而地球始终都会保持稳定不为所动。无论我们人类创造什么——美或战争，地球都会持续支持我们。无论在我们的星球表面发生什么，地球都坚定地躺在我们脚下。正念、打坐或祈祷训练我们的心灵和头脑达到同地球般稳定和平静的状态。

当然，认识到地球稳定的、不为所动的特质不代表我们就可以不关心我们的星球的健康而允许它被肆意污染。但是，同样重要的是，我们不能让对环境的担忧毒害我们的心灵。一次，禅师前角博雄在阿根廷的布宜诺斯艾利斯出席有关环保意识的国际会议。他从来没有表现出对环境问题很感兴趣，我们（他的学生）很高兴，认为这次会议可能会教育他。当他回来后，我们问他都学到了什么。他告诉我们，会议是在建在绿色公共区域的一组大学教学楼里面开的。他花了整个星期观察那些环保主义者如何为了抄近路践踏草坪而不会走人行道，最终将那个小花园变成了泥海。对他来说，这是显示无知的人类所有问题的根源的一个活生生的例子。每个人都忽略了草和土地，而正是这些人，却在谈论和担忧着如何使人类爱护地球。

关于一个问题，我们可以思考和谈论很多，但如果这阻止我们活在当下或者培养发展一个未受污染的心灵，我们正在寻找解决方案的问题也不会得到解决。

结束语

如果我能对脚下的整个地球保持不断的觉知，同时对自己作为这个渺小的、暂时行走在地球上可移动的小点这个自我保持觉知，我可能就不需要其他的练习了。

Week 35
注意自己所厌恶的

本周练习

　　对厌恶，即对某些事或人产生的负面感觉产生觉知。负面感受可以是轻微的感受（例如微怒），或者是强烈的感受（例如愤怒和憎恨）。试图找出在厌恶产生之前发生了什么。是什么感觉引发了厌恶——视觉、听觉、触觉、嗅觉还是思想？在一天中厌恶第一次产生是什么时候？

提醒自己

在厌恶可能产生的地方贴上写有"注意厌恶"字样的标识,例如在你的镜子上、电视上、电脑显示屏上和汽车仪表盘上。你还可以贴上皱眉的人的小图片。

初步发现

当我们做这个练习的时候,我们会发现厌恶在我们的头脑/情绪中的产生比我们所意识到的要普遍得多。它可能产生于我们一天的开始,闹钟响起的时候,或者当我们起床后发现背痛的时候。它可以被早餐的新闻引发,被地铁站或加油站的长队引发,被和家人、同事或客户的相遇引发。

一次,我在车里等丈夫出门。我无聊地看向窗外并注意到在围栏周围有很多蒲公英长大了,它们马上就要播种了。很快一个冲动产生,令我想要跳出车,抓起一把修枝剪,想重击它们令它们就范。同时,我还有"砍掉它们的头!"的想法。我意识到这是愤怒的种子、地球上所有战争的种子,它们潜伏在我体内。这并不是说我讨厌蒲公英。其明亮的金色面孔是美妙的。近看,它们可以很快改变我消极的思维状态。这并不是说我打算让它们蓬勃生长,但如果我要修剪草坪的那部分,我会等到我不是以厌恶作为出发点时才那么做。我可能会骑着割草机练习对蒲公英的生命的感激,以及对所有以草丛为家的生命的慈悲。

深入课程

发现厌恶是如此普遍地存在于被我们描述为快乐的一天中或许是

Week 35 注意自己所厌恶的

令人沮丧的。但是，意识到在我们的每日生活中厌恶的感觉无处不在是非常重要的。厌恶是佛教传统中所提到的令我们受苦的三种思维状态之一——贪婪（或依赖），厌恶（或推开），妄想（或无知）。它们是令人痛苦的，因为它们像病毒一样感染我们，不只给我们自己，也给我们周围的人带来困扰和痛苦。

厌恶是愤怒和侵略性隐藏的根源。它源于"如果我们能够设法摆脱某事或某人，我们就会快乐"这样的观念。我们人类想要试图摆脱而得到快乐的，可以小到一个蚊子，也可以大到一个国家。

有些观念比这个还荒唐，比如"如果我可以将事情和人安排得正如我想的那样，我就能开心了"。这个观念因为两个原因而很荒唐。第一，即使我们有能力令世界上的所有事情对我们来说都是完美的，这种完美也只能持续一秒钟，因为世界上的其他人对完美有不同的想法，他们也都希望世界上的事情如他们所想的那样，也在努力实现他们的愿望。我们的"完美"对其他人来说就不是完美的。第二，将自己对完美的解读强加给世界注定会失败，因为有无常这个事实——没有什么事会永远持续下去。

有些时候，当我在院子走来走去时，我会感到头脑中升起了一种细微的味道。它是一种不明显的但是无处不在的厌恶的感觉。它来自我工作的一部分——注意需要被修理或改变的事物。它来自对不完美的关注。当这个必需的关注令我的心态变坏时，我需要在一段时间内将自己的心态调整到"感激事物本来的样子"这个状态。

正念练习帮助我们无论生存在何种状况下以及无论这种状态如何变化，我们都能安然处之。它要求我们在所有存在的事物中发现完美。它要求我们觉知到厌恶，并且以感激和慈悲去抵抗它。

结束语

佛陀有名的言论之一是:"愤怒不会止于愤怒,只能止于爱。"觉察厌恶,并且将慈爱作为它的解毒剂。

Week 36
你忽视什么东西了吗

本周练习

　　每日数次,停下来觉察在那个时刻你正在关注什么,然后开启你的所有感官,看看你能不能发现你没有注意什么。我们的注意力总是有选择的。你正在忽略什么?

提醒自己

在你的周围贴上问自己"忽略了吗?"的标签。(不要忽略了提醒用的标签!)或许你也可以上闹钟,每天几次提醒你停下来做这个练习。

初步发现

日常生活中,我们注意力的范围很窄。我们关注闹钟的声响,头脑中想的是那天要做的事,电视或电脑屏幕上有的是什么,以及我们移动电话里传来的声音。只有当不寻常的事情发生的时候,我们的注意力范围才会放宽。一声巨响!耳朵竖了起来。那是汽车着火了还是枪响,或者,是天气忽然变了?我们这才在几个星期,甚至几个月中第一次抬起头看天。

当我们停下来特地扩大我们听和看的范围时,我们意识到很多正在发生的事都被我们忽略了。我们将电冰箱的嗡嗡声、交通工具发出的声音、脚下对地面的知觉、天空中太阳的位置、地面上油毡呈现出的各种颜色,都封锁在了意识之外。当我们扩大自己注意力的领域后,我们可能会意识到一种放松的感觉,好像将注意力维持在狭窄的范围内需要花费很多的能量。

同时对两件事情保持专注对于我们来说是不可能的(除非我们的头脑被很好地训练过)。你可以尝试一下,将注意力完全放在你的脚底,感觉温暖、麻刺感、压力。注意在哪些地方这些感觉是最强烈的,在哪些地方没有这些感觉。现在,尝试保持这份觉知,同时静默着从 100 向 7 倒数。你能感觉到你的大脑很努力地同时专注于两件事上,在脚底和数数之间跳来跳去。

… Week 36　你忽视什么东西了吗

如果我们的大脑构造决定了我们不能同时完全专注于两件事情，那么我们经常会忽略很多事。例如，很多时候我们会忽略自己的呼吸，让我们的身体自主呼吸。当人们刚开始练习对呼吸的觉知，将大脑的注意力放在简单的呼吸这个动作上时，他们可能会把自己弄糊涂，试图了解什么才是"正常"的呼吸。它应该多长多深呢？他们仅仅需要动他们的胸，还是肚子也要跟着动？他们需要学习不去干扰呼吸或者强迫它，而是让他们的大脑见证呼吸本身，好似在深夜深度睡眠的时候，他们观察自己的呼吸。

当我们将注意力放在呼吸上时，我们不能同时关注那些需要烦忧的事。这就是为什么呼吸冥想能够降低血压以及减少焦虑。

深入课程

当我们需要专注地完成任务的时候，忽视眼睛、皮肤和耳朵所接收到的视觉、感觉、声觉方面的信息或许是必要的，例如当我们在考试前阅读一本书的时候、写一封敏感的电子邮件的时候或者试图在电子游戏中得到高分的时候，但是这所有对感觉的阻碍都需要耗用能量来实现。当我们放弃这些无形的阻碍而对我们周围的所有打开我们的意识时，我们就好像走出了狭小的、充满霉味的房间，来到了开阔的大草原上。眼科医生告诉我们，如果我们眼睛聚焦在近处的某一物，例如一本书或者视频屏幕上一长段时间，我们就需要在固定时间间隔内眺望远方让眼睛休息（从而保护我们的视力）。此建议对我们的头脑也同样适用。我们需要经常让它跳出狭小的盒子，让它尽可能向更远更宽处伸展。

当我们专注于我们正在专注的东西上时，也就是，当我们看我们的头脑所专注的东西时，我们会意识到我们注意力的范围往往是很窄的。同样，我们的世界观往往也是以自我为中心的。以自我为中心并不是贬义的。它只是对人类会如何自然地将注意力放在自己身上这个事实的描述。特别是，我们的大部分注意力都被用来追求那些可以给我们带来快乐的东西，逃避那些有潜在危险或者可能给我们带来不快的东西，同时忽略所有其他的事物。我会追求那个漂亮的女孩，躲避那个无家可归的男人，并且忽视那个在结账通道站在我旁边的人。

当我们打坐或者进入沉思的祈祷时，我们就放开了心灵追求或逃避的伎俩。我们承认在繁忙的一天中我们忽略了多少。我们特意将觉知尽可能敞开，尽可能感受所有并接受它们本来的样子——当我们呼吸的时候，肋骨的运动，排气系统的嗡嗡声，离开房间的某人身上的香水味道，头脑中想起的躺在办公桌抽屉里的糖果的图画。我们注意到这所有，没有任何内在对话，没有任何批评或判断。我们注意到当内在对话开始时，我们感觉的认知领域即刻关闭。接着我们就要让内在的声音静止，再一次开启自我的觉知。

在禅宗中这个被称为"不知"。这是一种特别类型的"无知"，一种很有智慧的无知。当我们安于"不知"时，很多可能性会开启。我们可能会听到之前都不知道从哪里发出的声音——蟋蟀的叫声或者细雨开始降下的声音。我们甚至会听到一个安静的内在声音告诉我们一些重要的真相。

结束语

每天至少一次，停止试图去知道或者做任何事，只是停顿下来，蓄势待发。打开你的觉知，仅仅是安坐在"不知"中。

Week 37
风

本周练习

对空气的流动产生觉知,无论是明显形式的(例如风)还是不明显形式的(例如呼吸)。

提醒自己

将写有"风"字样的标签贴在家里和办公室有帮助的地方。

风有很多的形式,从强硬的狂风到轻柔的呼吸。如果我们将这个练习记于心间,一周中每天几次开启我们的感官,我们会开始注意到风流动的更微妙的方式。人可以制造风。在你的呼吸中有空气的流动。当你打喷嚏的时候,当你喝热饮料的时候,当你叹气的时候,空气都会流动。当你走路时,即使是在室内,流动的风也会触碰你的身体。很多电器都会带来空气的流动,例如烘干机、微波炉和电冰箱。

一个人在他的头脑可以意识到凉爽的清风来袭之前,已经先意识到了他的身体感觉到了风,并且风在他的皮肤上吹起了鸡皮疙瘩。我们的身体会对我们的环境保持觉察,即使我们的大脑还没有察觉,即使我们进入无意识的状态或者我们睡着了。它通过升级我们的毛囊而创造贴身的绝缘层来保护我们,像贴身的薄羽绒服般。

我们的感觉变得更灵敏,我们发现每当我们有动作时,就会带来空气的流动。说话是空气的流动。所有声音都是空气的流动。一位水手向我们解释,说风无时无刻不围绕着整个地球。当他在他的船里时,他会对风和气流所带来的空气保持敏锐的觉知,因为如果在大海中央时不关注这些,那可能意味着死亡。狂风来袭时他的船需要随时保持直面风,否则它可能会在一瞬间被打翻。

学习航海知识就包括了通过觉察水面细微的变化、旗子或者指示标(系于船上的一片布)的方向学习"读"风。如果没有可见的旗子或指示标,水手可通过观察海鸥等水鸟判断风的方向,因为水鸟往往会直面风的方向站立,这样它们的羽毛才不会被吹乱。这个正念练习使我们对时刻变动的风向保持敏感。

Week 37　风

深入课程

我们是如何知道风存在的？花一点时间想想这个问题。

我们通过 4 种方式感受"风"：通过感觉它带来的触觉，通过温度的改变，通过看到它令其他东西发生移动，以及通过听到它吹过其他事物。被我们称为风的东西从本质上来说就是变化，我们看到的事物的改变（摇动的树叶）、我们感受上的变化（皮肤更凉）或者我们听到的变化（咆哮的声音）。我们只能间接知道风的存在，通过穿过我们皮肤、鼓膜和视网膜的神经冲动。实际上，这是所有我们感知的真实。我们不能直接地获知真相。任何其他事物的独立存在是没有办法被直接证明的，因为我们对其他事物的觉知都是由我们神经系统中的电脉冲创建的。

当心灵深深地宁静时，任何事情都可能带来突然的觉醒，甚至是风。禅师山田无文（Yamada Mumon）年轻的时候，患了严重的肺结核。医生们预测他会死亡而停止了对他的治疗。他单独住在隔离的地方很多年，默认了自己会死亡，而他的心灵渐渐变得宁静、淡然。一个明媚的夏日，他看到花园中被风吹落的花，忽然深刻地觉醒，意识到伟大力量的存在。他意识到这个庞大的力量给了他和众生生命，拥抱他，也通过他而得以存在。他写下了下面这首诗，而此后不久，他的不治之症便痊愈了：

众生都被拥抱在
这宇宙精神之中
由凉爽的风儿告知
在这个早上

被山田无文禅师称为"宇宙精神"的东西曾被赋予很多名字。它没有边界。它可以穿越时空到达任何地方。然而，它只通过小事表现出来——每次呼吸，每个声响，每片在风中飘落的花瓣。

结束语

对鼻孔的呼吸产生觉知是一项微妙的正念练习。试试练习几个小时。它没有风险，除了会令我们对构成生命的各种细微变化更清醒地觉知。

Week 38
像海绵一样倾听

本周练习

好似你是一块海绵那样去聆听他人,吸收他人说的所有内容。让头脑宁静,只是接收你所听到的。不要试图在头脑中计划应该如何回复,直到对方要求回复,或者很明显需要回复。

提醒自己

将写有"像海绵一样倾听"字样的标识,或者耳朵和海绵的图画,贴在相关的地方。

初步发现

我们称这种做法为吸收式倾听。我们发现,对于很多人来说,它并不是自然而然的。有些人,例如音乐家,已被训练以吸收时的专注听音乐声,但是,这并不意味着当他人与他们谈话时,他们就能够以同样的方式来倾听。良好的心理治疗师使用吸收式倾听法。他们捕捉声调或音色上微妙的变化,因为这些变化往往指向比语言更深层的含义,往往在这些地方而不是在话语中隐藏着眼泪和愤怒。律师被训练做的正好与此相反,尤其当他们在充满对抗气氛的法庭工作的时候。他们倾听时抓住对方所说的错误或有缺陷的地方,同时在头脑中形成反驳观点。这可能在法庭上是适用的,但是在家里和配偶及孩子,尤其是十几岁的孩子相处时,这并不是一个好方法。

当练习吸收式倾听法时,连不是律师的人都会注意到自己心中有个"内在律师"的存在。头脑中的一个声音会说:"快点说完你要说的,我就能告诉你我所想的了。"这将打扰平静的、专注的倾听。

人们还发现仅仅在一分钟里他们就会走神多少次。脑中忽然想到了购物清单或者未来的约会,或者眼睛忽然去注意身边走过的人了。吸收式倾听并不容易,这是一个需要时间来学习的技能。

深入课程

为了做到吸收式倾听，我们必须让自己的身体和头脑都是静止的。这是在行动上修习正念——在这个流动、嘈杂的世界，内在抱持一个平静的内核。当你认真聆听时，你会意识到自己的思想就是声音全景的一部分。好像过往汽车的声音，你承认自己内心闪过的念头，但是不被其打扰。

如果你练习的时候，有一组人或一个社区的帮助就最好了。这个练习最有趣的一点是做被倾听的那一方，注意当有人以吸收式倾听的方式来倾听你的时候，你是如何感觉和反应的。大多数人因为被如此倾听而心怀感激。他们中有的人对比备感珍惜。

在电影《随我婆娑》(*Shall We Dance*) 中，有一个情节一直令我很感动。一个婚姻已经破裂了的男人问："人们为什么会结婚？"陪伴他的人说："因为我们需要一个见证我们生命的人。你会说，'你的人生不会就这样无声无息地过去了，因为有我来见证它。'"

有一段用来激发人们同理心的诵词，它突出了在关怀别人的过程中倾听的重要性："我们需要练习很专注地倾听，这样我们才能真正听到对方在说什么——同时也听到他们没有说什么。我们知道深度专注的倾听本身已经能帮对方减轻很多疼痛和痛苦了。"

专门接受过吸收式倾听训练的治疗师说它本身就能催化疗愈。在一些治疗里，治疗师什么都不说，他们的客户在倾听自己所说的过程中，智慧会自然而然地涌现。

一个在从来不会有人倾听他的家庭长大的学生说当有人以全部注意力聆听他时，那感觉就像他得到了"赋予生命的甘露"。有些人一开始会觉得不自在，因为他们之前从来没有体验过有人如此专注地倾听他们。他们开始会觉得他们好似生物标本般被审查。

专注地倾听也让你和自己内在负面的声音和解。当你内在的批评家说一些荒谬话时，例如，"看看你的皱纹。我恨它们！你不应该变老！"，你可以只是对他所说的保持觉知，既不需要相信，也不需要有所反应。

结束语

吸收式倾听本身就是有治愈效果的，而你不需要心理学学位就可以练习它。

Week 39
感激

本周练习

一天中随时停下来并且有意识地体会在那一刻有什么是值得你感激的。这可以是有关你自己的、有关他人的、有关你所处环境的或者有关你的身体正在做或者感受的。这是一个探索。要有好奇心,并问自己:"现在有任何事是我可以感激的吗?"

提醒自己

在合适的地方贴上写有"感激"字样的标签。

初步发现

很多人尝试过用肯定的语言来令自己更快乐或者有一个更正面的态度,他们会对自己重复"我值得拥有爱"或者"今天会是一个好日子。我会得到自己想要的。"这样的句子。在某些特定的时候,肯定的语句是有价值的,但是对于本身就陷入困境的心态来说,它就没什么意义了。这个正念练习却不一样。

感激练习是一个探索。我们可以在这个时刻,找到任何事情、任何地方,作为我们感激的原因吗?我们看、听、感觉任何事吗?我们花一点时间,便会发现有很多事情都值得感激,从自己是干净的,有衣服穿,能吃饱饭,到遇到一个和蔼的店员,到手中有一杯温暖的茶或咖啡。

我们感受的正面的事就是我们可以感激的一类事,例如肚子中有食物。另一类值得感激的事,是那些我们没有经历的事,例如疾病或战争。我们直到不得不受它们的苦,才会感激它们没有来临的时候。当我们从重流感中恢复时,在很短的一段时间内我们因为健康而感到很高兴,感激我们不再呕吐或咳嗽了,因为可以轻松吃饭和走路而感到高兴。我们只有在生病后才会感激健康,在口渴的时候才会感激水,在没电的时候才会感激电。

这个练习帮助我们停下来,开启我们的感官,接受我们生活中现在所有的一切。

Week 39　感激

深入课程

　　这个练习帮助我们培养喜悦。喜悦指的不仅仅是感激那些令我们感觉良好的事物，也感激其他人的喜悦和好运带给我们的快乐。当他人是我们所爱的人时，去感受这种喜悦并不难。例如，我们很容易分享我们的孩子因为新玩具而感到的快乐。但是，当我们不喜欢的人或者妒忌的人得到我们想要的东西，例如公开赞誉或奖项的时候，会发生什么呢？我们能为他们的喜悦而感到快乐吗？这并不容易。

　　你注意过头脑是如何专注于错的事吗——我们自己的错，周围人的错，我们工作中，甚至这个世界上不好的地方？我们的头脑就好像一位正在朗读被称为"我的生活"这份合同的律师，不停地寻找错误或违反条约规定的地方。头脑好像磁铁般被负面事物吸引。只看看新闻就明白了。吸引读者或者观众注意力的永远是自然或人为的灾害，如战争、火灾、枪战、爆炸、对有潜在危险的玩具及汽车的回收、流行病和丑闻。为什么我们的头脑会被负面信息吸引呢？因为头脑不需要担忧可能会发生的好事。如果有好事发生，那当然不错，但我们马上就把这些好事抛之脑后了。头脑最关心的是保护我们不受负面的、危险的事物的侵害。

　　不幸的是，这意味着负面的事物会占据我们的觉知，很多时候对此我们都一无所知。如果我们没有意识到自己头脑中的这种细微的趋势，它就会悄悄地愈演愈烈，最终将我们引入恐惧、抑郁等黑暗的心灵深渊。为了改变这种趋势，为了扭转被消极事件所吸引的心灵习惯，为了更满足于我们当下的生活，我们需要"喜悦"这个解毒剂。

结束语

前角博雄禅师经常告诫我们说:"感激你的生活!"(他说的生活既指我们每日的生活,也指我们所拥有的这个独一无二的伟大的生命。它们不是分开的。)

Week 40
变老的痕迹

本周练习

这周,注意你自己身上、他人身上、动物和植物身上,甚至静物身上正在发生的变老的痕迹。我们是如何知道某物正在变老的?

提醒自己

将写有"变老"字样的标识或者老年人的照片贴在相关的地方，尤其是在洗手间的镜子上。

初步发现

这个练习让我们有了很多心得，也在我们中间引起了热烈的讨论。当我们关注"变老"这件事时，我们会在所有地方都看到衰老的迹象：水果烂了，花瓣枯萎凋零，建筑物下陷，汽车生锈。在差不多30岁时，年轻人开始因为他们的身体不再像之前那样运行良好或者快速恢复而感觉沮丧失望。我记得有一次我扭伤了脚，一个月后仍然感觉刺痛、站立不稳。我很气愤。为什么我的身体不能像以前一样做我的头脑想让它们做的事情呢？我仍然期待痛苦在一夜之间就消失，像我十几岁的时候那样。

一个30岁的人说，他不喜欢被称为"男人"。他的头脑说："不，我爸爸是一个男人，我不是。"他不乐意看到自己头上出现几根白头发。很多年轻人承认他们抗拒"长大"并拒绝承担起这个复杂、高速运转的世界赋予他们的责任。选择多到数不清，而真正做出积极改变的可能性却微乎其微。

在差不多40岁的时候，人们意识到他们的人生差不多过半了。他们可能感觉很吃惊并且会问自己："当我的身心都还有能力的时候，我想完成哪些现在还没有完成的事呢？而我又想放弃哪些梦想呢？"在差不多50岁时，人们说他们很吃惊看到镜子中的自己好像他们的父母，甚至祖父母当年的样子。"我是如何变老的呢？"他们低下头，很吃惊地看到手上的皱纹。"这些皱纹是在我没有注意的时候长出来的！"他们也会因为打不开一个卡住的瓶盖，或者在晚上很早的时候就感到疲倦了而沮丧。

一个 70 多岁的女人说，她会避免照镜子，因为她只会看到皱纹，而她恨那些皱纹。我们问组员："你们有多少人在和贝蒂说话的时候注意到了她的皱纹？"没有人举手。贝蒂很惊讶地发现除了她内心的批评家之外，没有人讨厌她的皱纹。接着有人说："好吧，我注意到皱纹了，但我觉得它们很美。"

当我们内心的年龄和身体的年龄不符的时候，我们也会感觉沮丧。有人认为我们内心的年龄会停止在我们感觉最幸福的那个年纪。一个男人说："我以前以为当你变老时，你会很自然地变得更有智慧，但是现在我认为你也要努力增长智慧才行。"应该怎么做呢？有人问他。"我想，你必须真的开始专注才行。"

深入课程

这个练习的本质是对无常产生觉知。所有的事物都在不停地变老和瓦解中。我们必须要付出更大的努力才能令它们保持原来的样子。一次我到一座一尘不染的漂亮房子里做客。年老的主人有足够的钱保证房子每个细节的完美。但是，在地下室的洗手间里，那个因为年老他们已经不能去的地方，我注意到马桶盖子上一块油漆掉了。忽然在我的头脑中有一幅关于这座可爱房子快进的景象：几十年没人居住管理，这房子慢慢变旧，最后倒塌在废墟里。

一个做了这个练习的人说："我试着对所有在变老的事物产生觉知——这杯茶，这片饼干，这块地毯。但是当我的觉知对所有事物开启时，它开始变得可怕，我的心灵也封闭了。"事实正是如此。

一个人试图找出那个告诉他自己他有多老的准确的感觉。那会是一次触摸、一个温度、一个声音、一种味道？他找不到它。变老这个概念是取决于比较的。当你不去比较时，那只有感觉，而没有年龄所附加的其他属性。我的嗅觉没有之前灵敏了。只有在我记起拥有更好闻的味道时，我才能意识到嗅觉消退这个事实，也才会为此而感到痛苦，并为其失去感到悲伤。

我们能更好地感叹其他生物随着时间而蜕变。我们喜欢将小小的番茄种子捧在手里。看到第一个绿芽我们很兴奋，接着我们享受红色的果实。当番茄树的叶子和枝丫变成干枯的棕色时，我们不会认为这有什么不妥。我们甚至享受摘下干枯的枝丫并把它们捆绑到一起的过程。以这样全新的、开放的方式去享受我们自己生命的每一刻（婴儿，少年，成年人，老年人，临终者）确实是一件很困难的事——没有过去，没有未来，只有这一刻，如此而已。

结束语

安于这一刻。我们没有年龄。

Week 41
准时

本周练习

　　一个星期中,争取所有的事情都准时。考虑一下"准时"对你和他人都意味着什么。看看是什么原因令你不能准时,同时看看当你或他人迟到的时候,在你头脑中会有怎样的念头。(如果你是一个一向守时的人,或许你可以尝试迟到几分钟,看看在外界和内在会发生什么。)

提醒自己

将表或钟的图案贴在对你有帮助的地方。将你的闹钟调到比通常起床时间或约会时间早 5 分钟,以此来提醒你要准时。

初步发现

有些人习惯早到。他们觉得这样才有礼貌,同时这也构成了他们和群体和谐共处的一部分。他们或许会发觉当其他人迟到的时候,他们会开始变得烦躁。另一些人承认他们习惯了迟到。他们不喜欢等着事情开始——他们会觉得厌烦,或者觉得那是浪费时间。早到令一些人焦虑。如果他们是第一个到达会议或晚宴现场的人,他们会觉得尴尬。有的人会在早到的时间里帮忙或者和主人及其他早到的客人闲聊来避免尴尬。

有的人会刚好掐准时间到。如果一个人经常在合唱彩排或上课的时候迟到,好似滚雪球般,其他人也会开始迟到。这个练习会让我们发觉文化的差异。日本和德国的火车非常准时,所以那里的人们也相应地比美国人更容易做到准时,因为在美国经常发生塞车,人们只能一动不动地坐在单人驾驶的轿车里焦虑担心。一个美国人描述了有一次他打电话给他任教的日本学校的校长说他会迟到一小会儿。他原以为校长会感谢他提前通知,但是相反,他被告知:"在日本,我们为他人着想。"他因为迟到 30 分钟,差不多被扣了一整天的薪水。那次以后,他再也没有迟到过。

有些人会故意把自己的表调快一点,这样可以愚弄自己的大脑而令自己准时。另一些人给自己设定一个假的截止日期,从而激起足够的焦虑而令他们准时完成任务。有些人发觉他们迟到是因为他们不能停下手上正在做的事情，或者他们没有安排足够的时间来整理打扫。通常人们发现当他们试图在很短的时间内安排很多事的时候，他们往往会迟到。例如，他们有太多的琐事要处理，比如上车前还要写最后一封电子邮件。接着，他们就找不到钥匙了，不得不跑回房子里，疯狂地寻找，终于找到了，然后他们意识到自己又一次迟到了。准时意味着不只改变一个习惯，而是改变几个习惯，例如提前准备好衣服，或在前一天晚上准备午餐。

这个练习可能会让内在的几种声音浮出水面。内心的批评家可能会说："你太笨了！为什么你连时间都不注意！你总是迟到！我想老板已经做好准备要开除你了。那你拿什么付房租买食物呢？你没希望了！"另一个内在声音听上去像是一个理性主义者。一旦你意识到自己迟到了，这个声音便开始创造并且预演你要用到的借口。"我的闹钟没有响。""刚好在要离开的时候，我收到了紧急的电话/邮件。""高速公路上的交通太糟糕了！"而赤裸裸的事实是"我迟到了"。唯一值得做的另一件事是我们应该说："这是我的责任。我很抱歉。"如此而已。

有些人从不迟到，他们或许可以尝试另一个练习。他们可以观察当他人迟到的时候自己头脑中的评判。或者他们可以故意迟到，然后看看在自己的体内和头脑中会发生什么。

深入课程

这个练习并不是关于时间的。它是关于心态和习惯模式的；换句话说，它是关于被定义的自我的。如果我们自视很高，我们会开始觉得自己的时间比他人的时间更有价值。我们会更喜欢最后一个到，因为我们有很多重要的事情需要做，不想"浪费时间在坐着闲聊"上。

或者我们将自己的身份与高效联系在一起，而且我们不认为和同事谈话会带给我们任何有价值的东西。

或者我们性格害羞。我们进入一个房间，找地方坐下，和别人对视，开始一段谈话，这些都令我们不自在。我们宁愿晚点到，依赖可预知的会议进程和我们在其中扮演的小角色，也不愿意早到并因为在没有预知流程的社交场合下苦苦思索应该做些什么而烦心。

出国旅游会让我们意识到时间其实是人类的创作，是一个便利，是我们为了人和事合拍而创造的惯例。在很多非西方的文化下，时间比较灵活。一天的长度取决于日照，甚至月光的持续时间。冬天里的一天比较短，满月的夜晚比较长。会面没有特定的时间。时间合适的话，会议就会开始。所有人都到齐了，就是时间合适。

有些人注意到他们的头脑会说时间从来都不够，这令他们焦虑，甚至愤怒。"我只需要他们能给我更多的时间！"我们需要问自己的头脑：多少时间才足够呢？多少时间是太多了呢？在长时间的静默冥想中，时间变得极富弹性。当头脑是安静而专注的时候，一个小时转瞬即逝。而有的时候几分钟却好像一个小时那么长，尤其是当我们身体的某部分在抱怨的时候。

当我们思考的时候，我们把自己的生活分成了称为时间的小块。这是属于我们未来的时间，它靠近，抵达，然后很快地变成了过去的时间。而当下这个时刻看上去微不足道而又不可理解。当我们不思考而只是保持觉知时，我们会融入一直在变化的存在的流动特质之中。当下的时刻就是我们所拥有的全部，时间变得不相关了。当我们更多地活在觉知中，而不是在思考里时，时间好像会自我调节，从而令我们刚好有足够的时间去完整地完成每件事情，然后时间便消失了。

结束语

在当下这个时刻,总是有充足的时间。

Week 42
拖延

本周练习

对拖延（拖着需要完成的事情不做）保持觉知。既要觉察你想要拖延的欲望，也要觉察你对此做了什么——也就是你为了拖延所采取的方法。更清楚地看到是什么造成了拖延，并且找出策略改变或者克服这个习惯。

提醒自己

将写有"拖延"字样的标识贴在重要的位置上，那些你知道你可能会拖着需要完成的任务不做的地方，例如卧室里（一堆脏衣服旁）、厨房里（一堆没有洗的盘子旁）或洗手间里（凌乱的毛巾之上）。你也可以把标识放在你拖延时愿意去的地方或者会用到的东西上。你或许可以把一个标识放在电视上、电子游戏机旁，甚至在你的电脑上。

初步发现

当我们讨论这个练习时，大部分人会想到一些被他们拖延了的事情——一个电话、一份报告、一封信、一份申请、一席重要的对话。一个女人宣布，她2月才刚刚开始给朋友和家人写年终问候信。她觉得有必要在每封信上都写些私人的东西，对此她觉得还需要花一个月的时间。当研究拖延的时候，她意识到她一直拖着是因为一旦她将信寄出，她可能会发觉信是不完美的。这是一个内在批评家控制我们的例子。如果她确实寄出了信而它们又是不完美的，内在批评家会狠狠地打击她。如果她拖延时间而试图将信写得完美，因而晚寄了信，或者最终根本就不寄了，内在批评家也不会高兴。在内在批评家的领地里是没有赢的可能的。他唯一的工作就是批评，而且他做得很不错。

一个人可能拖着需要写的申请书不写，并且发现自己在找借口，例如，"如果不是因为这个或那个原因，我就有时间做这个了"，而实际上，在现实中，有些时间也被他浪费掉了。另一个人发现她做事的每一步都在拖延——坐下来打一封信，修改信，打印信，找到信封和正确的地址。她说："我觉得我的大脑将每一步都设想得比以前更难，需要花更多时间。"

一天中我们会发现很多可以拖延或者懒散的时间：将脏盘子放在水池里等会儿再洗，或者留给别人洗；晚上将衣服扔在地上；早上不叠被子；不捡起扔在垃圾箱外面的垃圾；将最后两张卫生纸留在卷筒上，好不用换新的。

这个练习包括采用一个新的座右铭："现在就做。"

一个男人意识到他一整天都在拖延，从早上赖床不起开始。还有人说当他意识到拖延只会使事情变得更糟时，他便克服了这个毛病。他越拖延着不起床，起床就变得越艰难，所以现在闹钟一响他就马上起来。他发觉，如果他拖延着不骑自行车出门，最后他会因为拖延太久而决定不去了，因为他害怕迟到。

他的结论是："大脑会想方设法地阻止我们全心全意地做事。"

深入课程

拖延的解药是负全责，包括对所有事情负责，包括个人的凌乱：外在的凌乱，例如肮脏的水杯、没有收拾整理的床等等；心理的凌乱，例如误解和错误等等。在我老师在日本的寺庙里，如果你打坏了任何东西，即使是一个已经裂开的小盘子，你也必须报告并且道歉。保护寺庙中的所有事物是所有人的责任。

我们在一天中因为很多日常琐事忙碌，而很容易忽略掉作为人最重要的那些任务。在一些宗教中，这个重要的任务被描述为与上帝或耶稣融为一体。在佛教中，这个被称为觉醒。我们对心灵修行的重要程度有一些了解，但是不知何故，我们为了吃饱、穿暖、有房住、抚养孩子等等而忙着做很多其他的事，却把最重要的任务推开而置之不理了。

一些人拖延是因为他们希望付出最少的努力，得到最多的快乐，例如他们宁愿去看电影，也不愿意完成学期论文。他们忽略了这个选择必然会在未来产生令人不快的后果。有些人拖延是因为他们的厌恶情绪。要开始一项任务这个想法已经令他们紧张而不知所措了，而他们没有意识到拖着不做只会带来更多的焦虑。

有很多好的项目从来没有开始或者完成，因为做的人失败了或者他们担心项目开始后可能会招致批评。有些人为了避免做某件事而通过做白日梦或由酗酒引起健忘来逃避。

从定义上说，拖延注定会产生适得其反的效果。它往往会带来我们想要避免的痛苦。正念练习的本质是停止逃跑。我们停下来，转身，径直走向我们一直试图逃避的事物。我们把它放在"任务清单"的首位，早上，在拖延心态苏醒之前，第一件事就是处理它。

一天晚上，我拜访了一位在中年就因患上癌症而将要死去的女士。她曾经是令人尊敬的学者，主要翻译中国古代的佛教经文。现在的她瘦成皮包骨，躺在一张巨大的白床上。她的生命只有几天了。当我们谈完话，我准备离开的时候，她若有所思地说："我一直以为我在以后的某天会终于有时间开始真的练习打坐。现在，没有以后了。"回忆她说的话能经常帮我理清什么是重要的而不拖延。

结束语

如果你只有一个星期的生命了，哪些是你要说或要做的最重要的事？别拖着不做。

Week 43
你的舌头

本周练习

一周内,在吃或喝的时候觉知你的舌头。若吃饭的时候你意识到自己走神了,就把你的注意力重新放到舌头上来。问如下的问题是有帮助的:"我的舌头现在正在做什么?有什么感觉?"觉知对变化的温度、质地、味道、辣味的感受。在哪个地方它会最敏锐地感知到各种味道?你的舌头是如何动的?

Week 43　你的舌头

提醒自己

在你吃东西的地方贴上舌头的图片。

初步发现

如果你很难看到自己的舌头在做什么，特意停止它的活动是有帮助的，然后继续慢慢地吃东西，看看会发生什么。你有可能在没有舌头的帮助下喝一口饮料、吃一口食物、咀嚼或者吞咽吗？人们发现如果他们让舌头静止不动，同时试图咀嚼，咀嚼变成了牙齿间上下碰撞的无用动作。舌头是很繁忙的一个小东西，它几乎从不休息。在我们吃饭的时候它帮我们很多忙——帮我们咀嚼、吞咽、品尝和清洁。它快速地在牙齿间移进移出、搅拌、挪动，并把食物平均分到两边。它好像一个小守门员，敏感的舌尖伸向嘴角去舔食残留在那里的小块食物，并且检查牙齿是不是干净的。

舌头察觉味道，包括基本的甜味、咸味、酸味和苦味。近期的研究表明，舌头也会尝出钙、脂肪、薄荷、辣椒和金属的味道。舌头也负责吞咽。看它决定什么时间应该如何吞咽很有趣。当我们做这个正念练习时，我们很快会发现如果没有舌头，吃饭、喝水，甚至说话都是很困难的。古时候割掉舌头的刑罚确实是一项很残忍的惩罚。

深入课程

舌头练习是证明正念力量强大最好的一个例子。当我们将安静的头脑专注于任何事时，那件小事便会开启并呈现出一个宇宙，一个一直都在那里但是一直被隐藏着的宇宙。以舌头的例子来说，它实际上就藏在我们的鼻子后面。通常当舌头执行它的很多任务的时候，我们对它并没有觉知。我们只有在咬到或烫到它的时候才会注意到它。当人们开始注意舌头的时候，他们往往很吃惊："就好像一个小人住在我的嘴里，总是在看顾那里正在发生的事。"

当我们不管舌头的时候，它工作得更好。这个例子可以证明，往往当我们不去打扰事物，不试图控制它们时，它们往往工作得更好。我们不可能指导舌头去做它的工作："把那一小口食物向右边挪！小心！别碰到牙齿！是吞咽的时间——不，等等！别在我吸气的时候咀嚼！"我们不能设计一个足够精密的计算机程序来做舌头为我们所做的。

从我们出生开始舌头就开始照顾我们了，一天 24 小时，而我们几乎不会注意它，直到我们伤到它。这是在生活中我们不会注意的地方一直被支持和照顾的一个例子。我们几乎不会注意一直支撑我们的脚下的土地——它支撑我们的每一步；或者陆面上的维持我们生命所必需的空气——正好包含 21% 的氧气、78% 的氮气以及水蒸气。就好像我们可以对隐藏在幕后的舌头产生觉知一样，我们也可以通过练习，对我们生活中的很多值得庆幸的事产生觉知。

结束语

舌头有自己的智慧。和大多数事物一样，当我们不试图控制它的时候它工作得最好。

Week 44
不耐烦

本周练习

　　对每天感到的不耐烦产生觉知。注意随不耐烦而来的身体的信号（轻敲的手指）和头脑中的话语（"快点！"）。问你自己："为什么我那么赶时间？我要急着去做什么？"看看你得到什么答案。

提醒自己

在你周围的环境中贴上写有"注意不耐烦"的标识,尤其是在你知道你可能会感到不耐烦的地方。

初步发现

不耐烦是我们在现代世界很普遍的体验。当交通慢下来或停下来,当有人开会迟到,当我们需要等待而"无事可做"时,我们都会感到不耐烦。每个人不耐烦的时候身体上表现出来的信号都是不一样的。它们包括加速的心跳、轻敲的手指、摆动的双腿、胸闷或胃部发紧、神经过敏。做这个练习的时候我发现,当我驾驶的时候,我的身体总会向前倾,好像驾驶是一件浪费时间的事,而身体向前倾似乎可以令我更快地到达目的地。

头脑中不耐烦的信号包括躁动、粗心、易怒以及一些我们会在心里说的,有时候也会大声说出来的句子,例如,"我不能相信这需要那么久。""是什么让事情停顿下来了?""你这个傻瓜,赶快动起来吧!"以及许多更精彩的说辞。

找出你是从哪里、什么时间学会不耐烦的会很有趣。你父母没有耐心吗?你是在学校学来的吗,因为老师很无趣,或者因为课程进度太快或太慢?被不耐烦困扰的人经常不能等别人说完话就插嘴给出不成熟的结论,因为他们以为自己知道对方最终要说什么,所以不能忍受等着他们说完。(这个问题的一个解药就是吸收式倾听,在 Week 38 有所描述。)

当头脑想着未来的事,并且试图强迫时间走得更快的时候,不耐烦便产生了。人们发现当他们学会发现不耐烦的早期信号,并且将他们的觉知转入当下的任何方面，包括他们的呼吸、衣服在皮肤上的触感、房间里的声音时，不耐烦就消失了。

深入课程

不耐烦是厌恶的一个方面，而厌恶是佛教思想中描述的三大毒药之一（另外两个是贪婪和妄想）。将它们看作"毒药"是合理的，因为这三大毒药可以让我们在心理或生理上产生不适。厌恶这个词指的是我们错误地认为如果我们可以摆脱某事或某人，我们就会高兴。如果我可以辞掉工作，或者找到一个更有爱心的伴侣；如果所有罪犯都被关进监狱；如果我们可以摆脱所有的恐怖分子；如果我们能够摆脱不耐烦的人，世界就会是一个供我们生活的好地方了。不耐烦是厌恶更温和的一种形式。

当头脑发出不耐烦的声音或者身体泄露出不耐烦的信号时，问头脑"我们急着完成这个，接下来就可以做什么了？"是有帮助的。通常头脑会说："那样我们就可以继续做下一件事了。"你接着重复发问："那么，我们急着完成现在这件事，然后做下一件事，这样我们就可以接着做什么了？"每次有答案后，都继续发问："然后呢？"你渐渐就会发觉头脑急着走过这一小时、这一天，并且通过逻辑展开，你会意识到它想快点度过这一个星期、这一年……然后就是这一辈子了？当我们赶时间的时候，我们必须要提醒自己，归结到底，我们是赶着走向生命的完结。这真的是我们想做的吗？

我们也急着做完被我们认为无聊、乏味的工作，例如洗盘子，这样我们就可以去做有趣或者让我们放松的事情了，例如网络购物或者看视频。当我们学会将每时每刻的正见注入生活的每个方面时，我们之前赶着完成的事也会变得有趣起来。当头脑没有拿着鞭子将我们赶进未来时,这些活动都可以变得轻松。

不耐烦是愤怒的一种,而在愤怒/厌恶之下往往是恐惧。如果我们可以意识到这个恐惧的存在,你也可以开始分解愤怒。问题:不耐烦之下所隐含的是哪种恐惧?

那是对时间不够的恐惧。这同时是一个不现实的,也是现实的恐惧。它是现实的,因为我们从来都不知道我们的生命什么时候会完结,而在我们去世之前,有很多我们想做和想体验的事。对时间不够的恐惧也是不现实的,因为时间是我们头脑的创造物。当我们可以令头脑安静,进入纯粹的觉知里,跟随着世事的节律时,时间便消失了。永恒的宁静会被开启,我们也会安坐于平静中。

结束语

不耐烦会偷走我们的生活。当不耐烦升起时,回到当下这个时刻,呼吸、聆听和感觉。

Week 45
焦虑

本周练习

对焦虑产生觉知。注意身体所有和焦虑有关的感觉、情绪和思想。加速的心跳？胡思乱想？注意在一天中焦虑什么时候第一次产生。它是在你喝咖啡的时候出现的吗，当你看新闻的时候，或者当你到达学校或公司的时候？一天几次，停下来一小会儿，检测一下你有没有正在感到焦虑。你也可以观察什么令焦虑更严重、什么缓解焦虑。

提醒自己

你可以将写有"你焦虑吗?"字样的小标识贴在你周围的环境中,或者也可以用焦虑的脸的图案。每次你看到标识,停下来评估你是否在自己身上觉察到焦虑的信号或者症状。

初步发现

人们总是很惊讶地发现,在生活中,焦虑比他们认为的更经常地伴随他们左右。在现代世界中焦虑无所不在,以至于只有当人们通过正念练习学会令自己的头脑安静下来,并且对自己身体上和头脑中正在发生的变化更敏感的时候,人们才会察觉到焦虑的存在。当闹钟响起来的时候或者电话响第一声的时候,它可能就产生了。有的人发现当他们醒来的时候,已经开始焦虑了。一个女人说:"焦虑挂在床柱上,等着在我睁眼的那一刻就跳过来。如果我闭着眼,就可以抵挡它。"其他人发现焦虑伴随着他们的第一杯咖啡,在早晨的新闻中等着他们,或者在上班的路上锁定他们。

每个人身上,"焦虑正在我体内产生"是由不同的感觉标识的。心跳可能加速,呼吸变得更浅,胃紧,腋下刺痛,接着一条腿开始摇晃。伴随着焦虑,每个人都会有不同的想法:"我要失败了,又失败了。""他将会离开我的。""这是一个没有希望的境地。""我会生病的,并且我将因此而死去。"

学会识别并且观察焦虑在体内发作的人会渐渐看出规律来——哪些特定的事件或情况会成为焦虑迅速加剧的种子。通常这些种子是在童年时播下的。有一个男人,在童年玩耍的时候,他的哥哥差点令他窒息,后来他意识到当他穿领口紧的衣服或高领毛衣的时候,他就会开始焦虑。

深入课程

学习识别焦虑产生时最早的表现,并且开发工具来消除它是很重要的。深呼吸是很有效的一种解药。

我们需要看到焦虑的本质,才能很清晰地看穿它。焦虑总是由想法陪伴着,虽然这些想法可能是一些很细微的内在声音,所以在开始时很难识别。思想总是关于过去或未来的,甚至包括几秒钟之前的过去或几秒钟之后的未来。当头脑停留于当下时,我们便没有思考了。我们仅仅是在经历。即使事件是危险的,例如车祸,我们也只是在它发生的时候经历它,往往是很生动而缓慢地经历。恐惧和焦虑接踵而至。"我撞上了冰块,滑倒了。我差点就死了。如果那样,我的孩子们就成了孤儿了!如果这件事情再次发生怎么办?"思想既可以引发焦虑,也可以使焦虑升级。当我们在开车时,若满脑子都是焦虑的想法,那我们就不仅仅是在"开车"。我们知道在开车的时候打电话是不安全的。那在内心的那部电话上通话会怎么样呢?

我们生活中的大部分时刻,处于两种状态:要不就是紧张的、机敏的和焦虑的(在我们醒着的时候),要不就是平静的、轻松的、自在的(在我们睡觉的时候)。在冥想中,我们将这两种状态中最好的元素组合在一起,令头脑进入一种既平静又机敏的状态,身体也是既紧张又放松的,而心灵则是开放而坚强的。

当我们发现焦虑悄悄潜入时,我们就会意识到:"哦,焦虑在这。"因为持续的焦虑是由思想来决定的,我们可以将头脑从思想里转移,并且把它移向会起到反作用的,同时也是有益于健康的练习上来,例如深呼吸和慈爱。渐渐地,我们会学会更早地察觉并消除我们的焦虑。它所形成的习惯模式和"思维惯例"将被削弱，焦虑也不再能控制我们。

有些人说："好吧，如果我把焦虑赶走了，我就不会再为未来做计划了。把焦虑赶走这个想法本身就让我觉得焦虑。我会变成一只海蜇，就这样飘来飘去，被生命的河流推着走。"他们将赶走焦虑和放弃计划混淆了。焦虑和计划是完全不同的两件事。焦虑是我们头脑中，在计划之上的那层痛苦。焦虑实际上会妨碍良好的计划。焦虑是以自我为中心的，它令我们失去客观性。好的计划是基于客观事实而产生的，而不是由情绪激发出来的。

这里有一个教你如何掰开焦虑紧抓着我们心脏的手指的重要提示。找到一个将思考转换为体验的方法。特别是，转换到由身体去体验，感受呼吸的气流，聆听声响，无论是明显的还是细微的，观看颜色或明暗图案。当我们完全专注于当下时，时间会变慢，每件事物都会变得更加生动。一件事接着另一件事井井有条地接踵而至，我们的担忧也消失了。一切又恢复正常了。

结束语

焦虑是既微妙又无处不见的，它是我们的幸福的驱逐舰。它取决于关于过去和未来的思考。它不能存在于当下。

Week 46
正念驾驶

本周练习

将正念专注注入驾驶中。注意所有身体动作、车的动作、声响、习惯模式和与驾驶有关的思想。(如果你不开车,你可以专注于骑自行车,或者坐汽车、公交车或火车。)

提醒自己

在你的方向盘或仪表盘上贴一个标签。最好在你开始开车前拿掉标签，这样它不会在视觉上令你分心；在你下车之前把标签放回去，这样在下次驾驶前它就会提醒你。

初步发现

人们发现这个练习会开启他们的初心，帮助他们脱离无觉知自动驾驶的状态，并且提醒他们注意驾驶中所有细微的动作。我们可以在坐进汽车后马上开始这个正念练习。感觉座位给你的大腿、臀部和后背的压力。感受你平放在地面上的脚。当你开启引擎的时候，感受金属钥匙的压力。感受让你知道车正在跑而不是处在静止状态的震动感。注意你的手是如何握住方向盘的。你抓住的是上部、周围还是下面的边缘？一只手握方向盘还是两只手？当你驾驶的时候，你产生了哪些情绪？例如，人们通常会说，当他们被其他的司机超车时，他们会愤怒，因为他们体验到这会破坏他们心理的平静。

我喜欢关注道路，将我的注意力穿过轮胎延伸到路面上，这就好似车身是我的身体，而轮胎是我的脚。当车从车行道移到街道上，又从街道移到公路上时，我会注意到颠簸和震动。我会聆听驾驶的声音、引擎的声音、风的声音、轮胎的声音。

一次，我载着日本的原田正道禅师从华盛顿去俄勒冈。当我们越过州界的时候，他看上去半睡半醒，但是他马上说出了他感到的路的质地和声音上的变化。他不间断的高度觉知给我留下了深刻的印象，我也发誓要继续培养我自己的觉知。

当我们练习正念驾驶时，我们注意到每个人都有自己的驾驶风格。有些人缓慢而小心地驾驶，这让他们的乘客不耐烦；而另一些人在亮了黄灯后也要加速抢着开过去，令他们的乘客因为车的紧急加速而感到不适。有些司机在驾驶的过程中会看风景、吃东西和打电话，而有些司机则目不转睛地盯着路面，为任何可能发生的突发事件做好准备。

正念驾驶需要放松的、机敏的觉知。当练习正念驾驶的时候，我想沿着"一条直线"前进。这意味着，无论有多少个弯道，无论我需要完全停下再重新启动多少次，无论我需要尝试多少弯路，我始终知道目的地在哪，我始终谨记目标。

深入课程

因为现代人花很多时间在车里，这个练习会帮他们关注这个问题："我如何才能找到时间练习正念？"在车里练习几分钟的正念可以在一天中为我们提供很多分钟额外的练习，帮助我们在抵达目的地的时候精神焕发。和所有的正念练习一样，正念驾驶涉及身体、头脑和心灵。

这所有的正念练习归根结底都提出了一个基本的问题："你愿意改变吗？"正念驾驶意味着愿意去改变驾驶习惯。通常我们只有在生活出问题的时候，当我们在受苦的时候才愿意改变。例如，当我们拿到昂贵的超速罚单时，我们才愿意让驾驶的速度不超过限速。正念练习要求我们为另一个原因而改变——出于好奇心而改变，因为改变能引领我们得到更多的自由和更深层的幸福。

一次我坐在我的一名学生驾驶的车里，我对他不专注的驾驶习惯提了些看法。他立刻问我："请告诉我你看到了什么，以及我该如何改变。"我告诉他了，他改了。现在他是一位很好的司机。这便是一位真正的学生的头脑——将发生的所有事当作可以做出有利于他人改变的良机。

如果你想要感受更多的平和及满足,你必须审视自己人生的各个方面,注意你在哪些方面都有了怎样的习惯模式,并且愿意抛弃所有不适当的习惯。很多人希望某天会有一个人出现,或者一些事会好似闪电般突然发生,从而完全改变他们的生活。你可以浪费整个人生去寻找来自外界的幸福。一种安静而基本的满足感是我们与生俱来的权利;它已经存在于我们的内在。正念给我们一辆车,它令我们驾驶它直接抵达这份满足所居住的地方。

结束语

真正的改变是困难的。它开始于小的改变——发生于我们如何呼吸、吃饭、行走和驾驶中的改变。

Week 47
深切地观察你的食物

本周练习

当你吃饭的时候,花时间看你的食物或饮料,好似你可以回溯着看到它们的历史。用想象的力量去看它们是从哪里来的,以及有多少人参与其中才将它们带到你的盘子里。想想那些曾经种植了食物、为它们除草以及收获它们的人,那些运输它们的卡车司机,食物的包装者和工厂的工人,零售商和收银员,以及准备食物的家人或其他厨师。在你喝一口饮料或吃一口饭之前,感谢这些人。

提醒自己

将写有"看着你的食物"字样的标识贴在你经常吃饭的地方,例如厨房里或者餐桌上。

初步发现

在修行时,在吃饭前我们的吟唱中有这么一句:"我们会反思将食物带给我们所包含的所有努力,并且考虑它是如何来到我们这里的。"和所有你每日重复多次的事情一样,吟唱这些说辞不代表在吃每餐饭的时候我们真的会想起所有将食物带到我们碗里的人。我们可能隐约知道厨房的厨师,如果饭菜很可口的话,我们也会感激他。这就是练习。

我们有在院子种植食物的便利条件。在花园中和暖房里工作让我们意识到将生菜和胡萝卜弄到我们的沙拉里需要做多少工作。当我们将粪从邻居的谷仓铲到我们的卡车里,再把它们从卡车里铲出来,把它们和厨房的垃圾与割草机割下的草堆在一起制作肥料的时候,我们很感激我们的邻居。那些每年帮助我们做苹果酱的人,当他们从邻居的树上摘下很多篮苹果,然后清洗、切块、烹调、剁成果泥,将几百斤的水果装瓶时,他们都会让我们对苹果酱生出新的敬意来。虽然我们比大部分现代人都更清楚将食物弄到餐桌上需要劳动,但在做这个深切观察练习的时候,我们意识到我们仍然视很多食物为理所当然,尤其是那些在包装袋里的食物,例如面粉、糖、盐、芝士、燕麦或者牛奶。

我们经常做这个练习,它是正念饮食练习的一部分。它帮助我们用内在之眼观看有多少人为我们盘中的食物贡献了能量:厨师、收银员、理货员、卡车司机、包装厂的工人、农民等等。

当我的丈夫和我有了年幼的孩子的时候，每次吃饭前我们都花几分钟默想是谁带给我们食物的。当时我们住在大城市里，那里的大部分孩子都认为所有食物，包括新鲜的农作物，都是从超市里面来的——它们神秘地在幕后被制造出来，或许是用塑料做的吧。甚至很多聪明的成年人也不知道食物是从哪里来的。当寺庙里的一位客座厨师要一些洋葱做汤时，我到外面的花园里挖了两个洋葱给他。他感到震惊：这两个全身是土的奇怪东西是什么？

有一次，英国广播公司在电视上做了一次愚人节的恶搞——一则简短可爱的新闻报告：在瑞士，意大利面大丰收。（你可以在网上搜索名为"spaghetti harvest Switzerland BBC"的视频。）在那个视频里，乔装打扮的妇女高兴地从树上摘下细长的面条，快乐的食客们高兴地在餐厅里享用"新鲜采摘的意大利面"。新闻播出后，很多人联系英国广播公司，询问他们在哪里才能购买意大利面条树以种在他们自己的花园里！

深入课程

当我们深切地看我们的食物时，我们意识到自己完全依赖众生的生命能量。如果你停下来默想麦片碗里的一颗葡萄干，并且数数为了把它带到你的碗里，有多少人参与其中，包括那些种植葡萄树、修剪葡萄树、为葡萄树除草的所有人，至少也会有十几个人。如果你回想得更远，追溯栽培葡萄的源头——地中海，那将是成千上万的人了。如果你加入非人类的众生——蚯蚓、土壤里的菌类、蜜蜂，那将有百万生命的能量流向你，通过你碗里的葡萄干呈现出来，最终体现在你体内细胞的生命里。

去体验这个,也就是在你的灵魂深处深刻理解共融的意义。每次我们吃或喝时,我们都和众生融为一体。生命消逝,进入我们的身体,又重新成了生命。这个过程一次又一次重复,直到我们自己也死亡了,那个时候我们便会将所有的能量返还回去。我们的身体消失,又以很多新的生命形式再现。

我们如何才能报答众生呢?不是用金钱。如果我们给每个处理过这颗葡萄干的人一美元,葡萄干将成为只有国王才能享用得起的食物。但是至少,我们可以通过感激的专注向他们致敬吧,至少我们可以在开始吃之前,专心花一刻钟时间来感激他们辛勤的劳动吧?

一行禅师说过,修炼正念的人可以在橘子中看到其他人看不到的东西。一个觉知的人会看到橘子树,春天盛开的橘子花,滋养了橘子的阳光和雨水。深切地看,一个人会看到那令橘子成为可能的成千上万的生灵事物以及这所有的生灵事物是如何相互作用的。

结束语

当我们吃东西的时候,很多生命的能量都会流入我们体内。怎样才能最好地回报他们呢?那就是在吃饭的时候,全然专注于当下。

Week 48
光

本周练习

开启你的意识去感受所有形式的光,亮的和暗的,直射的和反射的。

提醒自己

将写有"光"字或者闪亮灯泡的标志贴在合适的地方,比如电灯开关上或旁边。

初步发现

这个练习是一个很好的例子,它告诉我们正念是如何帮助我们看到那些我们已经学会忽略了的东西的。在现代世界,我们认为光是理所当然的;但是在20世纪后半叶之前,电被发展得普遍可用之前,光是宝贵的,甚至是稀缺的。在我们乡间的寺庙里,冬季刮风的时候,停电是常见的。当我们试图在蜡烛或煤油灯微弱的灯光下做饭或阅读的时候,我们明白了为什么佛陀认为光应该是被免费赠予的基础礼物之一,其他的还有水、食物、衣服、住房和交通工具。当断电后重新来电时,我们在那之后的几个小时里重新学会了感激光,但是很快,我们就又认为它是理所当然的了。

经历了一次停电之后,另一个正念小组做了这个练习的另一个版本——每当有人开灯时,就练习感激专注。他们将电子流从灯泡向回追溯,通过房子的电线、线路、变电站、发电设备,最后追溯到那些死去的植物和动物的尸体——这些尸体中包含着碳、油和天然气。你可以现在停下来感激电和光的奇迹吗?

光令人们可以利用夜幕降临后的时光进行自我提高、娱乐、阅读、学习并且创作,例如音乐和艺术。光对我们的情绪也有影响;明亮的荧光和摇曳不定的烛光会让我们产生不同的心情。在日光短暂的冬季,一些人会变得抑郁。光似乎能激发人类的能量和创造力。在阿拉斯加的冬天,每天只有几个小时的光照,那里的人们会冬眠。在夏

Week 48 光

天，当太阳从不会落下去时，他们变得充满活力，甚至有一些狂躁，并且需要更短时间的睡眠。光是有治愈作用的。在治疗季节性抑郁症方面，它被证明和药物一样有效。

有些人说他们喜欢沐浴在阳光中，并且在这样做的时候他们意识到所有的生命都依赖由阳光带来的能量。但是最近，在听了很多关于对阳光可能会引起癌症的警告后，有些人注意到自己开始厌恶阳光。厌恶阳光所带来的后果就是，一个古老的健康问题又重新出现了——维生素 D 缺乏。近来，医生们不得不建议人们每天至少有 15 分钟被阳光直接照射，因为阳光帮助我们体内制造维生素 D。

在做这个正念练习的时候，有的人会意识到眼睛收集光并把它们传入体内的器官，所以他们也开始对视觉这份礼物产生了新的感激。一个人意识到颜色和宝石之美都取决于光。她是在驾驶的时候注意到这一点的：闪烁的交通灯好似多彩的蛋白石，高速公路上射向她的光线好似一长串钻石，而前方的刹车灯好像许多发光的红宝石。

深入课程

当我们关注光时，我们会在所有地方找到它，包括太阳光和人造光，亮光和暗光，直射的光和反射的光，白色的光和多彩的光。它穿透绿色的树叶，将它们变成玉。它缓慢地穿过地面，反映了地球的运动。光即使躲在云朵或者地球上影子的后面，它仍然填满了头顶的天空之碗。

当觉知到光时，人们也会对影子和黑暗产生觉知。光是那么的廉价和无处不在，以至于我们很少探索黑暗。在黑暗中也有光，光往往在意想不到的地方。如果你在夜晚走进森林里，没拿手电筒，你可能会看到很多种微妙的光。这也开启了其他的感觉——听觉、触觉和嗅觉。你发现你可以通过脚来"看"且遵循某条路径。

黑暗和光明看上去好似是对应的，而实际上它们都包含了对方，并且依赖对方。在现代世界，我们好似畏惧黑暗。夜晚，我们在房间里、街道上和办公室里留很多盏点亮的灯，因此，我们都看不到星光了。光常常被说成是"好的"而黑暗是"坏的"，但是，如果没有夜晚，我们便不能让自己的双眼和身体休息了。

试着对你眼皮之后的"黑暗"变得觉知。你会发现那里并不是完全黑暗的，而是充满了动感的光彩。

这个练习有一个很有趣的引申，就是将有关光的科学知识放到一边，而认为它就是由物体发出的。有一个禅宗的说法可供我们冥想："万物皆有其光。"这个冥想可以包含寻找每个人或每件物散发出的物理的光线，或者注意每个人为这个世界带来的特别的光亮。

光明似乎会带来希望。耶稣说："我是世界的光。跟从我的，就不在黑暗里行走，必要得着生命的光。"佛陀的教导被认为"为黑暗带来了光亮"，从而令人们可以自己看到真相。佛陀同时教导人们要"做自己的明灯"，意思是说，人们应该用头脑之光去发现真理。在藏传佛教的传统中，我们的基本觉知，在我们思想和情绪之后的那个觉知，被认为有三个本质的特征——它是无边际的、清澈的、发光的或明亮的。这个基本的明亮的、清澈的意味着大脑可以被训练得如激光束般，照穿迷惑，揭示任何事的精髓。

结束语

每个人都有自己的光芒。你的光是什么？你可以将它散发出来，为世界带来生机吗？

Week 49
你的胃

本周练习

注意来自被你称为"胃"的那个部位的感受。在饭前和饭后感受那个部位有什么感觉。关于饥饿和饱腹感,你的胃能告诉你什么?

提醒自己

将写有"胃"字的纸条或者简单的胃的图画贴在不同的地方,包括你吃饭的地方。

初步发现

在我们正念饮食静修团,我让人们注意从他们的胃中发出的信号。我们探讨这个问题:"怎样我们才知道自己饿了?"我们也让人们在吃饭之前、之中、之后关注他们的胃,看看它们有多满或多空。很多人吃惊地发现,他们已经失去了与自己的胃的连接。只有在腹部有任何极端感觉的时候,例如当胃在咕咕叫,抱怨它们已经空了的时候,或者当它们被"填满"并且在抱怨它们胀得很不舒服的时候,他们才会关注那里的感觉。当人们练习对胃的正念时,在吃饭之前感受他们的胃,他们经常发现往往在胃发出信号说它们已经满了的时候,他们仍然坐下来吃了一整餐饭。他们吃饭只是因为刚好是正午或者下午6点。

哥伦比亚大学的研究员证明了超重的人更容易忽略从他们的胃里发出的信号,并且容易受到外界因素的影响,例如食物被摆得多么漂亮或者他们看到的时间。如果在上午10点的时候,钟表被故意调到了正午12点,他们会吃一整餐午饭。正常体重的人不会这样做,因为他们更适应依赖内部而不是外部的信号来告诉他们什么时候他们是饿的、什么时候是饱的。

长期吃得过饱或暴饮暴食的人往往忽略了来自胃的"我已经饱了"的信号。如果他们在一段足够长的时间里这样做,信号的强度便会减弱,他们将不得不重新学习"聆听"他们的胃。冲绳人是世界上最长寿的人。他们有一句谚语"hara no hachi bu",意思是"吃到五分之四饱"(八成饱)。前四个部分保证你健康,但是如果你把最后第五个部分也吃了,它会给你的医生带来生计。学会在吃饭的时候多次感知他们胃部感受的人发觉只吃比平常习惯吃的更少的食物,他们便已经满足了。

正念饮食教会我们关注个人身体的智慧。有些人发现在清晨他们的胃是很放松的,直到上午 10 点或 11 点胃才发出饥饿的信号。几十年来他们都在早上 7 点吃早餐,因为在还是孩子的时候他们就被告知,如果不吃一餐丰盛的早餐,他们在学校就学不好。令他们吃惊的是,他们发现如果他们直到胃发出饥饿信号才吃第一餐饭,他们的能量水平仍然很好,他们的头脑也更清晰。他们可能还会发现对于这顿更晚吃的早饭,他们的身体更想要的是蔬菜和汤,而不是他们通常所吃的加了糖的麦片或加了蜂蜜的煎饼。另外一些人发现他们像蜂鸟一样。他们需要早起吃早餐,而且,如果少食多餐,他们会感觉最好。我们每个人都是独特的。

深入课程

一个正念饮食的练习包括只吃一小口食物,例如一颗葡萄干或者草莓,很慢地吃,全神贯注地吃。很多做这个练习的人都很吃惊——在吃过后检查胃的感受,他们往往发现自己完全饱了。他们宣称:"我怎么可能吃了一颗葡萄干就饱了呢?我一辈子从来没有一顿只吃一颗葡萄干!一直以来我都忽略了什么?"

饱腹感的一个方面是和身体有关的。但是还有更重要的一个方面,例如满足的感觉,并不是取决于我们向胃里塞了多少食物,而是取决于我们对自己在吃的东西有多么全神贯注。当我们对我们正在吃的东西的颜色、香气、味道、温度和质地都保持觉知时，无论吃多少食物，我们的满足感都会大幅上升。

我见过一个女人，她两年前参加过正念饮食工作坊，我很吃惊地发现她减去了30多斤。我问她都做了什么。她说："我问自己为什么吃东西。我发觉那是因为我为身体带来一种平和感。所以，我开始在吃每餐饭的时候都全神贯注，在吃的过程中经常感知我身体的感受。一旦我的身体感觉平和了，我就停止吃东西。"正念饮食对全然体验，对吃的全然满足，开启了我们的觉知。对所有活动的正念，对生而为人的全然满足开启了觉知。

有些人混淆了焦虑和饥饿，因为这两种体验的很多感觉都是一样的——腹部的绞痛，思考困难，感觉摇晃或头晕。如果他们在焦虑的时候吃东西，他们的不安感会增加，因为他们违背了身体的意愿而吃，也知道这样会不健康。当我们实践正念时，我们可以区分胃告诉我们的（"我还是饱的，还在急着消化午餐"）、头脑告诉我们的（"我感觉焦虑，因为我们5点前要完成报告"）以及心告诉我们的（"我感觉孤独，因为我的亲爱的要出差三天"）。只有当我们知道哪里真的饥饿的时候，我们才能以健康的方式滋养自己。我们需要的可能是一块三明治，也可能仅仅是给我们爱的人打一个电话而已。

结束语

听从你的胃的智慧。它可以指引你获得更健康的身体和更大的满足感。

Week 50
觉知自己的重心

本周练习

　　对你的重心产生觉知。它位于下腹的中心，差不多肚脐下 5 厘米，在肚皮和后背脊柱的中间位置。在武术中，这个重心被称为丹田。

　　每当你分心时，将你的注意力拉回自己的重心。尝试从身体的这一点开始所有的身体动作——无论你是在够东西、走路还是弯腰。你甚至可以这样切食物。让每次落刀都从重心开始，从手臂流入手掌，流入刀中，穿透蔬菜。

提醒自己

在合适的地方贴上写有"重心"字样的纸条或在下腹画一个红点代表重心的图片。你可以在衣服底下，在下腹部穿一些可以带给你不寻常感觉的东西来提醒你做这个任务，例如软腰带或者贴一枚创可贴。

初步发现

通常，动作开始于我们的头部。我们的大脑指挥着手臂和手伸出去拿我们想要用或吃的东西。我们的身体是有些被动的，像木偶般等着大脑的指挥才开始活动。在禅修和武术中，学生们被要求以更有活力的、整合的方式运动。要做到如此，他们需要专注于自己的重心并允许所有动作都由那个重心流出。当他们从椅子上站起来时，就好像站起来的其实是重心，身体的其他部位只是跟随它动作而已。走路的时候，就好像稳步前行的是重心，腿只是在其之下跟着挪动而已。我们还可以将注意力放在重心上站立着，膝盖微屈，体重均匀地分布在两条腿上。

爱好体育运动的人经常会用到他们的重心。等着球被击回的网球运动员和跟着球跑的足球运动员都会屈膝以保持重心在低点。他们的速度、灵活性和敏捷性都源于那个重心。一位高尔夫球手在挥杆的时候绕着那个重心转动身体。如果推拉之力来自重心的话，划木舟或皮划艇就只需要更少的力气。

做这个正念练习的时候，人们经常注意到他们更稳定、更平衡，身体也更有力量。他们还发现关注重心会影响他们的头脑——头脑变得更安静、更专注，注意力的范围也变得更宽。我们可能正在开会，专注于一个激烈的讨论，但是当我们将注意力放回重心时，我们会更清晰地感知整个房间里正在发生什么：那里面的人，滴答作响的时钟声，以及某人紧张的咳嗽声。

当人们练习重心正念足够长的时间后，他们往往发现这也有平复情绪的作用。当一个负面的情绪，例如愤怒出现时，如果他们将注意力放回重心，情绪会停止蔓延并且很快开始消退。当你安于自己的重心时，你就好像不倒翁。你可能被推来推去，甚至被击倒，但是你总会自己弹回来。

深入课程

如果你叫一些人指给你看他们的"存在"安于身体的哪里，在我们的文化中，很多人会指向他们的头脑。在亚洲国家，人们倾向于指向他们的胸部（心脏）或者他们的肚子。我的第一个禅修师傅在走过他人身边的时候会说："你住在你的脑袋里。"当一个人迷失在头脑里胡思乱想的混乱之中时，他会提醒这个人将注意力放回自己的重心。我的第二个禅修师傅让他的学生想象自己在肚子里有第二个"脑袋"，并且让学生以那个低处的重心为出发点去倾听、说话和活动。你会发现，如果你从重心聆听的话，吸收式倾听那个正念练习（Week 38）也会被加强。

重心对日本人来说很重要。他们有关于它的很多说法，例如"hara no hito"，指的是有重心的人，即有勇气、良知、决心、意志力和良好品格的人。相反，"hara ga nai"指的是没有勇气、缺乏决心的人。"hara ga oki"指的是一个有大重心的人，即一个慷慨的、有同情心的、心胸开阔的人。"hara o suete"是指安抚重心，从而变得平静而坚定。

虽然重心不是身体上的一个器官，但它是一个能量中心。它可以通过持续的、正念的专注力来加强，直到随着时间的推移，它变成了可以和物理存在相提并论的强大的存在。我曾经遇到过发展出了很强的重心力量的禅师,当他们在场时,就好像有巨石和你坐在房间里。

当你做这本书中正念练习的时候,你可能会注意到很多练习的出发点都是将注意力从头脑和思想转移到你的身体上。我们的思想从来都不会是关于当下的,因为当下这个时刻是转瞬即逝的物理感觉。例如,假设我们的眼睛能瞥见天空中色彩绚丽的条纹。一旦我们开始思考它,我们与这个单纯的感觉就脱离了。我们离开的时候想想:"哦,多么可爱的落日。还记得我去年在亚利桑那州看到的那个吗?"我们已经不仅仅是在体验当下的色彩和光线。头脑已经从体验本身移开了,试图为我们所看到的安个名字——"落日",并且开始产生有关落日的想法、回忆和比较。

想法远没有本来的体验令人愉悦。事实上,有关落日的想法非常恼人,因为它将我们与只是欣赏生动的色彩的自然乐趣分离开了。这个重要的差距,那个我们被棉毛包裹的感觉,那个我们并没有直接体验任何事物的感觉,便是生活中很多不满的来源。这也是人们试图提升每件事物的强度的原因,无论是薯片的咸度、各种饮料里的咖啡因含量还是车载音响的音量。

我们和其他事物之间的距离不能通过加大生活的强度来填满。造成距离的是我们一刻不停的思想。当我们把"操作中心"从头脑移到重心时,有些事发生了。外在的思想会安定下来,觉知被开启,并且,我们和其他事物之间那种令人不舒服的隔阂感也会消失。试试吧!

结束语

每次当你感觉失衡的时候,将注意力放回你的重心。它会使你的身体、头脑和心灵保持平稳。

Week 51
对身体慈悲

本周练习

花一个星期来练习对身体的慈悲。每天至少花5到10分钟来练习。可以在打坐的时候练习。在一把舒服的椅子上坐下,正常地呼吸。每次吸气,觉知进入你体内的新鲜的氧气和生命力。每次呼气,将这份能量传递到你的身体各处,并默念:"愿你没有不适。愿你安心自在。愿你健康。"

最终你可以简化这个程序而只是在呼出气的时候说"放松"。一天中每当你的注意力被吸引到身体上时(当你在镜子中看到自己或当你感觉不舒服时),向身体发送慈爱,即使只是短暂的。

提醒自己

将写有"对身体慈悲"的纸条贴在重要的地方,例如你的镜子上、床头柜上或者你卧室的天花板上。如果你更愿意用图片,它可以是一张身体轮廓的图片,有一颗大心脏在中心位置。

初步发现

很多人对这个练习有所抗拒。他们总是"忘记"做它。最终他们会发现藏在抗拒之下的是他们对自己身体的厌恶。一生中我们看到无数完美身体的图像,还有那样的人——他们靠青春、财富、外科医生或类固醇创造出这样的身体来,如电影明星、花瓶妻子、健美运动员和职业运动员。我们普通的身体根本不能和他们的比,因此对身体细微的怨恨也开始在头脑中积累——我的肚子太肥了,我的胸围不理想,我的腿太短了,我的头发或眼睛的颜色不对。

过去这只是女人才会有的挣扎,但是广告影响到了男人们,他们也开始有了这个永恒的困扰。一个年轻男人坦白,他一直都讨厌自己的胸毛。这很让人吃惊,因为很多男人因为没有代表着"男子气概"的胸毛而哀叹。他说在初中的时候,他的胸毛过早地长了出来,他遭受了不少人的嘲笑。虽然他也知道其他的男孩只是嫉妒,但他还是一直都没有忘记那持久而痛苦的尴尬。

另一些人发现,他们更愿意活在自己的头脑里,思考那些他们可以控制的想法,而不愿意练习对身体的正念,因为身体充满了神奇的、甚至令人害怕的感觉。我脑袋里那突发的、转瞬即逝的疼痛是怎么回事?我会不会有脑瘤?很多发生在我们身体上的事我们都控制不了,包括生病、变老和死亡。我们会感觉被身体威胁,甚至迫害。为什么它就不能像一台完美的、不需要维护的永动机那样工作呢?

Week 51　对身体慈悲

深入课程

没有东西可以在负能量的袭击下还能茁壮成长——孩子、宠物、盆栽都不能，我们的身体也不能。当我们身体的样子不能满足我们内在完美主义者或批评家的标准时，我们可能会开始对它产生细微的沮丧或愤怒。当身体的某个部分因为伤痛或疾病而有麻烦的时候，我们也会有这种感觉。我们开始害怕或怨恨自己的身体。这对我们的身体来说不是一个健康的环境，它甚至可能会造成疾病。

慈爱是一种可以触摸到的力量，一种治愈的力量。人们经常发现，当向身体传递慈爱时，他们的身体会感觉更舒服。心理紧张会令身体紧张，接着会造成血流不畅和肌肉收缩。当我越变越老时，我的身体在早上拒绝起床。当我在早晨开始打坐练习的时候对身体做慈爱练习时，那感觉就好像吃了两片阿司匹林。当我在睡觉之前对身体做慈爱练习时，我可以更深入地放松。当我在身体疲惫或生病的时候做这个练习时，它就好似药膏般疗愈我。慈爱令我们的全部，包括身体、头脑和心灵，感到踏实自在。

人们往往对向自己发送慈爱很抗拒。他们觉得这样做很自私；他们应该为比自己更惨的他人而做。但对自己慈爱并不是自私。这是我们可以向他人表达慈爱的先决条件。如果我们自己有足够多的慈爱储备，它就会自然而然地溢出而流向他人。

结束语

每天至少一次，对你的身体做慈爱练习。这是最好的替代疗法。

Week 52
微笑

本周练习

在一个星期里,请允许你自己微笑。注意你脸上的表情。从内而外地注意它——嘴唇向上弯还是向下?牙齿紧锁吗?双眉间是否有因皱眉引起的皱纹?当你经过一面镜子或反光玻璃时,看下你的表情。当你注意到一张毫无表情或沮丧的脸时,微笑。不需要大笑;只是轻微的笑就可以了,好似蒙娜丽莎的微笑。

Week 52　微笑

提醒自己

在不同的地方贴上"微笑"两字，或者贴一张微笑而向上翘起的嘴唇的照片，镜子上、你的电脑上、汽车的仪表盘上、电话上都可以贴。你可以在讲电话的时候、看到停车灯的时候或者电脑上显示"请等待"图标的时候试着微笑。当你打坐，尝试温柔地"内在微笑"时，那微笑就好像佛陀脸上的微笑一样。

初步发现

有些人会对这个练习产生抗拒。他们觉得总是微笑是"虚伪"的或不自然的。当他们一天中几次照镜子时，他们会很惊讶地发现，当他们认为自己脸上的表情是令人愉悦的时候，往往实际的表情是他们所习惯的不高兴的样子——轻微地皱眉，嘴角向下弯，看上去透着不赞同。一旦人们意识到这点，他们经常会努力让自己的表情看上去更积极。

有一次我们尝试了一个更极端的微笑练习，叫作"笑瑜伽"。无论我们的感觉如何，在上午 9 点我们全都围成一个圆圈，敲铃铛，然后大笑整整两分钟。当我们看着他人笑时，一开始感觉"虚伪"的笑慢慢也变成真的了。人们发现一旦他们摆脱了对微笑和大笑的抗拒，即使在他们并不感觉想笑的时候，这些练习也是很让人享受的，也会带来正面的情绪。一次，一位老师要求一个有些忧郁的学生在一个礼拜那么长的静修中练习"像傻子一样咧嘴笑"。这个男人是一个参加过多次长期静修的老手，他说那次静修是他所有经历中最放松、最享受的一次。

关于微笑有很多有趣的研究。在所有的人类文化中，微笑都表达快乐。微笑是与生俱来的，而不是习得的。每个婴儿在差不多 4 个月大的时候就开始微笑，即使他们出生时就失明了。婴儿们看到妈妈后露出的笑容（"真实的"）和看到陌生人接近后露出的笑容（"社会性"的笑容，只有嘴的参与而没有眼睛的参与）是不同的。微笑是强有力的社交信号。当人们看到不同族裔的照片时，他们更喜欢露出微笑的那一组。微笑帮助化解他人的怒气；从百米开外你便能分辨出微笑和沮丧的面部表情——就是长矛被扔出去后飞行的那个距离。研究表明，微笑有许多有益的生理作用。它降血压、增强免疫力，并释放天然止痛药（内啡肽）和天然抗抑郁剂（血清素）。全心微笑的人能比没有微笑习惯的人平均多活 7 年。微笑也让别人认为你更迷人、更成功、更年轻。微笑令他人喜欢你。

深入课程

微笑是极富感染性的。通常，当人们从静修中出关时，他们会迷惑地发现其他人都在对他们微笑，甚至在街上或杂货店里遇到的陌生人，也在对着他们微笑。接着他们便意识到是自己内在放松的心态通过外在的微笑呈现了出来，他人只是在回应自己的微笑。好处又返回到自己身上：人们对着我们微笑，我们的心情也会更好。

当我们微笑时，这不仅仅会影响他人的心情，也会影响我们自己的情绪。面部肌肉会发送反馈信息到大脑。一行禅师说："有些时候，快乐是你微笑的源头，但是有些时候，微笑是你快乐的源头。"

当你微笑时，甚至当你只是咧开嘴做出好似微笑的动作时，你的情绪都会变好。事实上，当人们打肉毒杆菌针去除脸上的皱纹时，他们面部肌肉活动的能力，包括微笑的能力，都会降低，相应地，他们情绪的强度也会降低，无论是正面的还是负面的情绪。有关微笑的研究清楚地表明，控制面部表情可以控制头脑和它所制造的情绪。戴尔·乔根森（Dale Jorgensen）说："我对此考虑了很多。我的发现强化了我一直以来的指导原则，那就是，我们确实掌握着自己的命运。我们确实可以通过自己的行动决定在自己身上会发生什么。微笑就是一个例子，它告诉我们：一个简单的行为会对我们在和他人交往中将得到怎样的体验，及他们将如何对待我们，产生深远的影响。"

佛陀总是被描绘成脸上带着温和的微笑。这是一个会给人启发的笑，一个由正念觉知带来的喜悦的笑；这是一位在任何处境下都会满足的人的笑，即使是在他死亡的时候。

结束语

如果笑对我们自己和周围的人有如此明显的好处，或许我们一辈子都应该进行"严肃认真的"微笑练习。

Week 53
因你而令事物更美好

本周练习

　　这个练习将"不留痕迹"（Week 02）的练习又引申一步。尝试寻找方法，即使是小方法，令空间或事物比你发现它们的时候更清洁或整齐。

提醒自己

把文字"比我刚发现它的时候好"贴在合适的地方,例如厨房、卫生间或卧室里,把它贴在这些空间的门上。

初步发现

当人们刚开始做这个练习时,他们可能会因为看到有那么多事可以做而感觉茫然。我应该将我公寓外面走道上所有的垃圾都捡起来吗?大街上或者公园里的垃圾呢?在哪里我才能停下来?

做这个练习最好的场景是在日常生活中,在那些我们可以做的小事中,例如在公交车站捡起几张被吹散的报纸,擦拭厨房台面上的咖啡印记,走过客厅的时候将沙发上的靠垫弄整齐,或者用纸巾将公共卫生间的水池擦干净。一些年轻人说他们发现自己做这个练习的时候会迟疑,因为"我可能会被期待要一直这样做"。他们说期待可能来自他人,例如父母,也可能来自自己,因为当他们将东西弄得凌乱而不管的时候,他们自己会感觉内疚。

这个任务似乎会带来我所说的"心灵之毒"。一些人会因为考虑这个练习所隐含的哲学暗示而分心,他们会想,在几个世纪令世界变得更好的尝试失败之后,"更好"到底意味着什么呢?或者他们会争论,如果他们在水池中发现他人的脏盘子,他们应该洗这个盘子吗,还是这样做会"成全"另一个人继续盲目和不为别人着想地生活?但是,就像有人观察到的那样,"我发现如果我不想清洗某个东西,我关注的经常是自己——'为什么要我洗呢?我不想做这个!'如果我考虑的是怎样可以令他人更开心,那么这怨恨就会消失,我自己亦可以享受这个练习。"还有一个人,在看到他人凌乱的一堆鞋子时,说当她可以放低心中的评判标准而让其身体专注于整理时,她感到是那么轻松。

享受这个练习的人们将它和其他练习联系起来,例如"说'是'"(去改善事物的状况)和"秘密的善行"(在他人不知情的情况下改善事物的状况)。有一个人将这个任务的范围从物质延伸到了人的身上。她问自己:"我如何才能使这个关系比以前更好呢?"另一个人尝试另一个叫作"使能量更好"的版本。当他注意到自己的心态是负面的、易怒的或挑剔的时,他就会探索将心态变得正面的方法。对他而言,唱歌是最有效的。

深入课程

我们可以用很多方法让这个世界变得更好。虽然这个练习开始于改善我们周围的物理环境,但它其实有更复杂的含义。我们中的大多数人不太可能发明出能改善百万人生活的东西。(而且,正如我们全都知道的,这样的发明,从抗生素到动物园,往往也有它们黑暗的一面。)然而,如果每个人都将"因为自己的在场而令自己所处的小世界变得更好"作为目标,整个世界将会受益无穷。

在正念修行里,我们专注于改善心灵和头脑的状态。很多人注意到,当他们看到其他人将事情弄得很糟糕时,他们往往会对这个练习产生怨恨。他们认识到自己的第一任务就是放下这份怨恨,然后他们便能在没有任何情感不快的状态下专注于打扫的任务。就像一个人说过的那样:"我将这个任务延伸到也包括关注并清除我头脑里的混乱。我知道如果我可以放下评判、批评和头脑中其他不必要也没有帮助的想法,那么对每个和我接触到的人,甚至对全世界,都更好。"

大多数人都恳切地希望因为他们曾经来过而令这个世界变得更

好。他们使用没有污染的清洁产品，在杂货店用可重复使用的购物袋，也注意不浪费电、食物、水等资源。这些是有益于生态的做法，使我们能为后代留下一个更干净、健康的物质世界。修行是对我们的头脑和心灵所做的工作，为的是改变愤怒、嫉妒和贪婪等有害的心理和情绪状态，并把它们变为有益的状态，例如有决心、为他人的快乐而喜悦及慷慨。这些改变的作用不应该被低估。它们发散开来影响我们遇到的每一个人，并且会继续影响他们所遇到的人，以此类推，由此蔓延下去，变成我们留给子孙后代的又一个奇妙的遗产。

结束语

终其一生，让世界变得更好，这并不是一件很难的事。练习慈悲就足够了。

打坐练习

一次有人问我:"我们需要学习打坐吗？正念还不够吗？"这要看情况。对什么来说多少是足够呢？正念足够令你开心吗？是的。它足以消除常见的倦怠、普遍的焦虑、细微的抑郁和常常困扰我们的躁动。医学研究表明，正念练习可以减轻疼痛，以及治疗身体和心灵上的很多疾病，从哮喘到牛皮癣，从饮食失调到抑郁症。仅仅专注于当下，全然关注我们的生命，便足以令我们更快乐和更健康，这真是一个美妙的发现。

正念练习就好像有动作的打坐，或者有动作的祈祷。正念的另一个方面包含静坐。我们经常称其为打坐练习。当身体静止时，头脑也会变得更安静。当心灵沉淀时，我们可以在纠结的思绪中腾出一些空间来。我们由此便有了一个深入探索人生重要课题的机会。

当一个人的头脑，包括它所有的回忆和担忧，都是静止的时，我们就有机会融入智慧之深泉，让它以洞察力的形式浮现，强大到足以改变我们生活的轨迹。这种浮现有很多名字：开悟，觉醒于真理，神的声音。

无论它被称为什么，当我们能亲自体验到它时，我们的生活就开始改变了。我们不再害怕活在这个不可预知的、复杂的世界。我们知道自己，和所有生灵一样，在我们所在的地方，以我们本来的样子，属于这个世界。

这里是一些简单的打坐练习的说明。我鼓励你找一个能更深入引导你的老师。

打坐练习的基本说明

·坐在椅子或地上的坐垫上。要坐得笔直，并且是放松的，给你的胸腔和腹部留出足够的空间呼吸。（如果你不能坐直，你也可以躺着打坐。）

·将注意力集中在你的呼吸上。找出在身体的哪个地方你最真切地感到呼吸的感觉。别试图改变你的呼吸；你的身体完全知道如何呼吸；只是把你的注意力放在呼吸上就好了。

·在一个完整的呼气—吸气过程中，将你的注意力放在一直在改变的呼吸所带来的感觉上。每次走神（很可能经常发生）后，温和地把注意力重新拉回来。

·这便是完全放松又全然专注的体验，就好像我们在一个假日醒来，没有什么特别需要做的事情，除了安然享受仅仅是坐着和呼吸的简单快乐。

·连续做20到30分钟，对一次打坐练习来说，这是蛮久的时间了。做更长时间也可以。最好每天都打坐，令它成为你个人健康护理的一部分，就好像洗澡一样（为你的头脑洗澡）。在一个极其忙碌的日子里，你可能需要缩短练习时间。每天5到10分钟比一个月做一次、每次两个小时要好。我发觉在繁忙的一天中，每一分钟的打坐都会回馈给我们双倍或者更多倍的清晰感、泰然和效率。

打坐练习的一些重点

本书中的一些练习可以延伸成为打坐练习。要有创意。下面是几个例子：

Week 04：感激你的双手

在你打坐的时候，开启你的觉知去感受双手的感觉，尤其是双手触碰彼此的地方。

Week 16：呼吸三次

在打坐中，在三次呼吸的过程中，保持你的头脑完全开放和敏锐，什么都不要想。然后放松，让你的头脑随意驰骋。几分钟后，再一次，停止所有想法，在三次呼吸间，全神贯注于祈祷或打坐。重复。

Week 23：尽可能多的空间

将空间作为你打坐时候的专注点。例如，对你身体中的空间（肺）、房间里的空间和头脑中的空间——各个想法之间的间隙，保持觉知。

Week 38：像海绵一样倾听

在打坐或冥想的时候，专注地聆听所有声音，无论是明显的还是细微的。好像随时你都可能听到重要的信息那样去听。

Week 48：光

打坐时将注意力放在一两米开外的小蜡烛的火焰上，或者在黑暗中打坐。

推荐阅读

下面是一些写得比较清晰、比较受欢迎的关于正念的书：

Bhante Henepola Gunaratana, Mindfulness in Plain English (Boston: Wisdom Publications, 1991)
中文版：《观呼吸》(德宝法师，海南出版社，2009)

Jon Kabat-Zinn, Full Catastrophe Living: Using the Wisdom of Your Body and Mind to Face Stress, Pain, and Illness (New York: Delacorte Press, 1990)
中文版：《多舛的生命》(乔·卡巴金，机械工业出版社，2018)

Jon Kabat-Zinn, Wherever You Go, There You Are (New York: Hyperion, 1994)
中文版：《正念：此刻是一枝花》(乔·卡巴金，机械工业出版社，2021)

Thich Nhat Hanh, The Miracle of Mindfulness (Boston: Beacon Press, 1996)
中文版：《正念的奇迹》(一行禅师，中央编译出版社，2012)

Thich Nhat Hanh, Happiness: Essential Mindfulness Practices (Berkeley: Parallax Press, 2009)
暂无中文版

你可能也会对我之前出版的一本书感兴趣：

Mindful Eating: A Guide to Rediscovering a Healthy and Joyful Relationship with Food (Boston: Shambhala Publications, 2009)
暂无中文版